暨南大学经济管理实验中心实验教材

# "互联网+"产品设计导论

Introduction to the Internet +
Product Design

汤　胤　何毅舟　编著

暨南大学出版社
JINAN UNIVERSITY PRESS

中国·广州

图书在版编目（CIP）数据

"互联网+"产品设计导论/汤胤，何毅舟编著．—广州：暨南大学出版社，2022.12
暨南大学经济管理实验中心实验教材
ISBN 978 – 7 – 5668 – 3477 – 5

Ⅰ.①互…　Ⅱ.①汤…②何…　Ⅲ.①互联网络—应用—产品设计—高等学校—教材
Ⅳ.①TB472 – 39

中国版本图书馆 CIP 数据核字(2022)第 148419 号

"互联网+"产品设计导论
"HULIANWANG +" CHANPIN SHEJI DAOLUN
编著者：汤　胤　何毅舟

出 版 人：张晋升
责任编辑：曾鑫华　彭琳惠
责任校对：苏　洁
责任印制：周一丹　郑玉婷

出版发行：暨南大学出版社（511443）
电　　话：总编室（8620）37332601
　　　　　营销部（8620）37332680　37332681　37332682　37332683
传　　真：（8620）37332660（办公室）　37332684（营销部）
网　　址：http：//www.jnupress.com
排　　版：广州市天河星辰文化发展部照排中心
印　　刷：佛山家联印刷有限公司
开　　本：787mm×1092mm　1/16
印　　张：9.25
字　　数：240 千
版　　次：2022 年 12 月第 1 版
印　　次：2022 年 12 月第 1 次
定　　价：32.80 元

# 序

我们从事电子商务教学十多年，一直对于电子商务专业有疑惑，这个专业到底培养什么样的人才？怎么培养？它与营销专业和计算机类专业相比又有什么优势？这些问题伴随了这个专业的成长过程，在全国高校的电子商务专业创设之初，尤其明显。

所幸互联网不断往纵深发展，并终于迎来了技术驱动升级至商业驱动的拐点。一时间"互联网＋"席卷几乎所有行业，互联网商业最终成为传统商业不可切割的一部分。但是，互联网商业注定有与传统商业不同的商业逻辑，这就意味着不能用原有思维来看待互联网商业。同时，几乎每个行业都缺乏能从商业的角度思考技术实现，同时又具备一定的技术背景，从技术角度夯实互联网商业视野的人才——在这里我们称为"互联网＋"产品经理。以我们个人的体验和观察以及对传统行业的体量推测，未来十年对这类人才的渴求可能不止数十倍，以我们目前电子商务专业人才的供应情况，远远无法满足社会需求。

那么，它又需要怎样的知识背景呢？从培养目标来看，我们的产品经理服务于传统行业，要具备较强的市场思考能力，将业务的理解以互联网产品的方式呈现，最好能用互联网的思维超越固有的营销套路和商业模式，虽不必精通技术实现，但必须能够向技术团队无障碍地传递需求。由此，我们推演了这样的一个人才知识体系。在本书中，需求识别、数据分析、商业计划、产品原型设计、数据流图制作等章节，正是这个知识体系在操作层面的浓缩版本。

由此，对于上述提出的若干问题，本书的内容也为其提供了回答。

还有，根据近年来的创业项目咨询经验，传统行业出身的创业者对自身行业的痛点非常熟悉，也有非常强的落地执行能力。然而，对于这类创业者来说，互联网产品的研发几乎是个完全陌生的领域。因而只能寻求具有互联网背景的技术高手或者产品经理合作，可却发现后者对于业务的理解完全不足以支撑特定领域的互联网产品。再加上此类人才极度紧缺，基本上被一二线的互联网公司收入囊中，有创业心态的人才并且最终能够组建实质性团队的实在不多。在此大背景下，有一定学习能力的创业者选择自学上手也是一条不错的路径了。

另外，本书还有一个独特的市场，"双创"浪潮下全国高校都有各种各样的比赛，包括"挑战杯"创业大赛、大学生创业竞赛、全国电子商务"三创"大赛、"互联网＋"创业大赛等，几乎覆盖一半以上的大学生。我们担任评委和导师多年，也观察到一个普遍现象——不管是哪个专业，大多数学生项目难以实现从想法到雏形，再从雏形到产品的推进，更不用说上线运行了。这个过程，在我们创业学院被称作大学生创业项目辅导IDPO过程论（Idea 想法，Demo 雏形，Product 产品，Operation 运营）。这当中有团队的能力问题，也有形式主义的问题。不管如何，当没有机会去互联网公司做产品实践的学生团队希望能够拿出亮眼的作品说服评委的时候,作为导师能做的,是给予一个方向性的指引。这也许是本书能够弥补的小小缺憾。

本书素材来自所开设课程"电子商务三创实践"多年的积累。在教材编写组织方面,何毅舟完成了大部分的工作。虽然每届都有学生作品获得各级各种奖项,限于篇幅原因,我们只能选择其中的少部分进行解析。欢迎读者访问我们的电子平台,获取更多的资料。

本书面向正在从事及未来将要从事"互联网＋"相关工作的创业者和产品经理,也可以作为"互联网＋"产品决策人员或相关专业学生的参考书。

本书名为"导论",即"互联网＋"产品全周期所需要的知识、技能集合的超浓缩版本,相当于应急用的"速成班"。它的任务是对具体每个领域做一个基础性导引,让读者对一个领域的概况有个基本的认知,因此势必无法细致深入每个领域。可以说,本书每一章节几乎都代表着一个专业领域,要真正做出像样的产品,还需要从这里出发,下苦功夫,选择一个专业领域深造。

汤　胤　何毅舟

2022 年 6 月

# 目　录

## 基础篇

# 工具篇

# 基础篇

在这个"大众创新，万众创业"的时代，我们看到很多创业明星都成立了互联网企业，但是，大家也忽略了一个客观事实：互联网是创业失败率最高的行业之一。在互联网应用越来越丰富的今天，互联网产品的竞争也更加细分化，竞争也越来越残酷。在这种情况下，即使创意足够完美，也可能因技术开发方向的偏差，或者是对目标用户的错误估计，又或者是对一些微小用户体验的疏忽而导致失败。如何提高互联网产品研发的成功率已经成为每一位产品研发者和管理者必须解决的问题。显然，现在互联网创业已经过了盲目试错的时期，必须有一定的理论指引。

互联网产品设计主要指通过用户研究和分析进行整套服务体系和价值体系的设计过程。这个过程基于用户体验的思想，伴随着互联网产品周期，进行一系列产品设计活动。

互联网产品现在已经无处不在，也渗透了无数传统行业，成为传统行业从业人员及"互联网+"创业者最关注的问题。本书试图给出互联网产品设计各个环节的基本原理，期望能帮助读者对产品设计所涉及的内容有更完整的理解。

# 1 互联网产品设计概述

## 【思维导图】

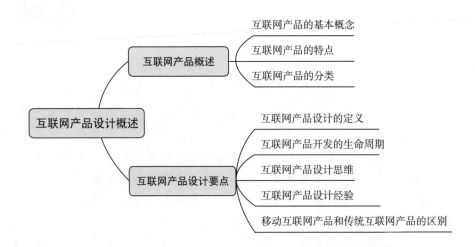

互联网产品设计概述
- 互联网产品概述
  - 互联网产品的基本概念
  - 互联网产品的特点
  - 互联网产品的分类
- 互联网产品设计要点
  - 互联网产品设计的定义
  - 互联网产品开发的生命周期
  - 互联网产品设计思维
  - 互联网产品设计经验
  - 移动互联网产品和传统互联网产品的区别

## 【学习要点】

1. 明确互联网产品的定义。
2. 掌握互联网产品的特点和分类。
3. 明确互联网产品设计的内容。
4. 了解互联网产品设计的流程。
5. 了解互联网产品的基本思想。

## 1.1　互联网产品概述

### 1.1.1　互联网产品的基本概念

虽然从宏观上来说，互联网产品属于一种工业产品，但是它的特殊之处在于从诞生第一天起就带有互联网基因。从本质上来说，互联网产品是一个软件，该软件通过互联网介质为用户提供价值和服务。就像工业时代的厂房、设备一样，互联网产品已成为信息时代的基础设施，在社会经济生活中发挥着越来越大的作用。例如 QQ、微信、Facebook、京东、淘宝、抖音、优酷、阿里云等都是非常成功的互联网产品。随着互联网与传统行业的逐渐融合，"互联网 +"概念兴起。为不同领域提供互联网入口及服务，也应当从互联网产品的视角进行分析和设计。

### 1.1.2　互联网产品的特点

在互联网领域创业的人越来越多，我们究竟怎样才能打造出一种成功的互联网产品，同时能与传统行业对接良好？这一直存在理解的误区，也困扰着许多创业者。总结起来，好的互联网产品要具有以下基本特点：

1. 互联网产品的核心是服务

互联网产品以移动终端、个人电脑等网络终端为主要载体，通过互联网为用户提供各种服务。因此，服务是互联网产品的核心，也是任何一款互联网产品的灵魂所在。为用户提供优质的服务是互联网产品的初心。若是忘掉这个初心，而把主要精力投入到产品界面设计上，则会事倍功半，与互联网产品的初衷南辕北辙，愈行愈远。只有好的服务，才能提高用户的忠诚度。只有牢牢把握住做好服务这一初心，才能准确把握住用户需求。

2. 互联网产品需要不断运营、不断迭代

互联网行业有一句话：好产品是运营出来的，不是开发出来的。这和传统的软硬件产品有很大不同，传统软硬件产品都有物理的载体，不可能经常更新，比较稳定。用户的需求一旦改变，产品就要跟进调整。而互联网产品往往上线后才真正开始开发。产品不可能完全满足用户的需求，因而产品一旦有了雏形就要释放出去让用户使用，再根据用户的反馈不断修正，"小步快跑"，因此互联网产品可以称作"永远的 beta 版"。

3. 互联网产品有很强的交互性

互联网本身就是为了满足远程交流而创造出来的，可以说交互性是互联网产品的本质特征，许多互联网产品把满足交互性作为其首要需求。

4. 互联网产品存在马太效应

在互联网产品领域存在赢者通吃的马太效应。和传统工业时代的产品不同，互联网产品不存在运输成本，通过网络可以直接为用户提供服务。理论上，一款互联网产品可以把触角延伸到任何有网络的地方，互联网产品的领地可以无限延伸。即互联网产品和任何客户之间已有通路，随时可以建立起连接。好的互联网产品，可以借助互联网，攻城略地，不断扩展自己的用户群，不断蚕食其他相似产品的生存空间。

### 1.1.3 互联网产品的分类

互联网产品的分类方法多种多样，如 PC 平台产品、移动平台产品；个人对个人（Customer to Customer，C2C）、商户对个人（Business to Customer，B2C）、商户对商户（Business to Business，B2B）等。不过，从互联网产品开发的角度来看，根据其功能进行分类更有针对性，具体分类如下：

#### 1. 平台类

平台类互联网产品体系架构庞大，可以为某一大类需求提供各类服务，常常以核心业务为中心，拓展到多条相关业务线，形成一个生态系统，如京东、淘宝、闲鱼、美团、滴滴打车、神州租车等。要实现平台的成功仅靠强大的开发技术是远远不够的，该类互联网产品对产品经理的业务理解能力要求很高。

#### 2. 社交类

社交类互联网产品可满足人与人之间交互的需求，面向的既可以是熟人之间的社交，如微信，也可以是陌生人之间的社交，如陌陌。其实现手段包括文字、图片、声音和视频等多种形式。该类产品的核心是抓住用户之间的关联性，即要有明确的目标用户群体，要能抓住该群体的核心社交诉求。

#### 3. 工具类

工具类互联网产品可提供满足某项需求的专用工具，例如美图秀秀、高德地图、扫描全能王等。

#### 4. 内容类

内容类互联网产品可以提供各个领域的专业知识，加速知识的流动，加快和扩展获取知识的速度和范围。知乎是这类产品的成功典范。

#### 5. 游戏类

根据运行平台的不同，游戏类互联网产品可以进一步分为端游、手游和页游。游戏类互联网产品在互联网产品中占据很大比重，是盈利大户。

当然，除了明确互联网产品的类别外，在实际开发时，还要明确互联网产品在产品线中的定位：基本需求产品、盈利产品和辅助产品。这样的划分可以有效指导我们在互联网产品开发过程中进行正确的决策，避免走弯路。在"互联网＋"领域，此分类产品方法同样有效，要注意"互联网＋"产品同样需要积累用户，但更注重服务传递。

## 1.2　互联网产品设计要点

### 1.2.1　互联网产品设计的定义

互联网产品设计主要指从市场需求出发，在用户需求分析的基础上，对产品的业务流程、功能逻辑、界面显示、服务体系和价值体系等进行全方位设计。整个设计过程都要以用户体验为指导，设计伴随着互联网产品开发的整个生命周期。

### 1.2.2　互联网产品开发的生命周期[①]

在互联网产品开发阶段，通常要经历如图 1 – 1 所示的生命周期：

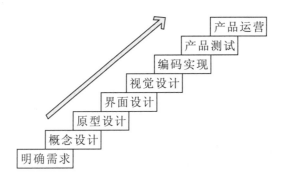

图 1 – 1　互联网产品开发周期

当然，在实际开发过程中，这些阶段的划分有时是模糊的，也不是一成不变的，可根据具体项目需求进行增减，还可以修改阶段名称。当然，"变"与"不变"是辩证的关系，"变"是以开发流程大框架"不变"为前提的。不能为了赶开发进度而随意变化、省略某些阶段。否则，将给项目的后续开发和管理带来灾难。下面将详细讲解典型的互联网产品开发流程。

1. 明确需求阶段

在这个阶段，为了更快地了解市场情况，必须通过一些高速有效的方法来了解用户的实际需求。比如，通过用户访问和问卷调查获取用户需求，通过用户操作习惯统计、网络流量统计等手段来掌握用户的行为特征。这个阶段的工作将给产品做最初的方向定位。

明确用户需求，确定产品目标，可以从以下四个方面入手：

（1）定位目标人群。

明确用户需求的首要目标是明确产品的定位。一般是按人群属性、人群需求来定位，

---

① 产品设计流程，https：//www.jianshu.com/p/56388416231d.

同时辅以问卷调查、用户访谈、用户数据分析等方法来分析用户需求。在这个阶段，重点考虑以下几个问题：

①产品要面对什么用户群体：目标用户是公司还是个人，是男性还是女性；产品主要面向哪个年龄段的用户群：是刚毕业的大学生还是已工作好几年且尚未成家的青年，或者是已成家的中年；目标用户属于哪个行业；等等。

②目标用户群有什么特征，其特征是否具有共性。

③目标用户群体的市场容量有多大，未来的发展趋势怎么样。

（2）明确产品核心需求。

在做市场调查、走访用户的时候，通常会收集到很多功能亮点。但是，在初期每个产品都是感性的。比如，有的用户希望实现手机还款，有的用户希望提供更多消费场景，还有的用户希望额度限制不要那么大等。显然一个产品不可能满足所有人的需求，这就需要在客户需求与产品功能之间找到平衡点。在这种权衡之间，最重要的是找准目标用户，并且使产品功能满足目标用户最核心的需求。

（3）避免人为创造需求。

若在设计产品时闭门造车，往往会陷入狭隘的思维怪圈中，陷入为用户创造需求的幻想中。因为每个个体的思维都是局限的，无法把握所有的新动态、新需求。闭门造车的结果很可能是投入巨大的成本，但最后用户不买账。因此，必须时刻关注行业内的竞争情况，理解并掌握竞争对手的核心竞争力。

①提供的产品与竞争对手提供的产品相比，优势是什么？劣势是什么？

②提供的产品竞争点能否为用户创造价值，这些价值能否被用户认可？

③能否在竞争对手的核心优势上做出进一步的优化？

④能否找出与竞争对手差异化的功能？

⑤现有的竞争对手是谁，竞争难度怎么样？

（4）有清晰的赢利模式。

企业要生存就必须考虑赢利模式，产品设计时应明确以下几点：

①赢利模式定位：赢利模式的具体实现手段，例如利用消费者的分期利息、商品的返利。

②预计在未来的什么时候，产品会带来第一笔收入？且收入预计是多少？

③产品运行一段时间以后，赢利模式是否会发生改变？

④在发展的每个阶段，项目的支出预算、人员规模是多少？要实现长远的发展目标，需要多久的时间和多少资金投入？

凡事预则立，不预则废。经过一番论证，在项目的可行性报告被批准之后，就可以开始做用户需求分析、确定产品规划了。

2. 概念设计阶段

"概念设计"是一个很抽象的词语，但我们所说的互联网产品，本质上就是人的观念的物化，因而产品就是一种观念集合的物化。概念设计的直接目的是生成概念产品，它是一系列有序的、可组织的、有目标的设计活动，表现为一个由粗到精、由模糊到清晰且不断进化的过程。

在概念设计中，经常需要采用头脑风暴法进行方案创意，将用户体验这一设计思想更好地融入其中。同时需要更关注产品使用者的体验，而不是将焦点放在产品上。否则，很容易陷入为产品而设计的误区。

产品经理需要集思广益，对用户及市场资料进行总结梳理，通过思维导图理出产品思路，对所想到的产品功能模块及亮点做好记录。这里的设计思路包括产品整体架构、功能模块规划等，也就是从概念上给出一个完整的产品雏形，这一步可以通过文字或图示的方式表达所要开发产品的整体构想。

3. 原型设计阶段

经过概念设计之后，如果产品功能和亮点得到了认可，就可以进入产品原型设计阶段。

在现实演示中，经常使用手绘原型的方式，这种表达方式更加随意，沟通起来也更亲切。这是一种很原始的原型设计。产品原型设计最基础的工作就是结合批注、大量的说明以及流程框架图，将自己的产品原型完整、准确地表述给用户界面（User Interface，UI）设计师、用户体验（User Experience，UE）设计师、程序开发人员、市场营销人员，并通过反复地沟通、修改，最终确认产品设计，然后执行。

工具是次要的，本质在于思想的传递。这是因为，不同的公司情况不同，人员组织不同，产品研发流程不同，交付物的表现形式也不同。每个公司都会在不同的发展阶段调整企业文化、组织结构甚至是战略目标。因此，在原型的表达方式上也会有一些差异。

需要注意的是，作为这个阶段的主导者，产品经理要主导产品方向，与交互设计师等相关人员紧密配合，以保证项目的质量和进度。同时，还要收集运营部门、市场人员反馈的需求，明确需求的优先级、可行性。

4. 界面设计阶段

用户界面就如同互联网产品的脸，在人机互动过程中起着十分重要的作用。界面设计极具挑战性，因为它不仅是一次页面的体现，还需要结合设计学、语言学和心理学。设计页面的时候，要遵循一些基本的原则，比如：要保持页面颜色的统一；保持界面风格的一致；尽量减少用户的审美负担、记忆负担等。

产品的设计过程中，UI 设计师负责首页风格设计，一般会形成若干套解决方案，其会选择最满意的两套提交给需求部门，并和需求部门经过多次协商调整之后，最终形成定稿。接着 UE 设计师开始针对原型进行操作上的优化调整，提出手机各类交互及用户体验方面的改善建议，比如需要把某些功能统一到一个一级菜单栏中，把某些功能统一到另一个一级菜单栏中。在这个过程中，UI 设计师和 UE 设计师一定要保证与需求部门沟通到位。

5. 视觉设计阶段

常常有一种误解，认为产品关注的是技术和所提供的功能。其实不然，视觉设计同样重要。视觉设计是针对眼睛功能主观形式的表现手段和结果。也就是说,视觉设计首先需要考虑产品的整体感觉,即视觉设计的风格。

视觉设计阶段的重要性容易被人们忽视,然而视觉设计的作用非同小可。在现实生活中,睁开眼睛就能看到各种视觉作品,这些视觉作品带给我们风格迥异的心理感受。同样,互联网作品也会给我们带来不同的视觉感受。优秀的视觉设计师能充分理解产品的固有功能,然后用一种超出你想象的方式展现在你面前,让你眼前一亮。因此,视觉设计的风格是否准确,关系到整个设计的成败。

6. 编码实现阶段

这个阶段,前端设计师最需要做的是和视觉设计师一起将草图制作成相应的页面,并且把制作好的高质量的 PSD、PNG 图片构思成 DIV + CSS 代码,与后台程序配合,高效率、高质量地完成前台页面的效果呈现。

与此同时,前端设计师还要善于选择合适的框架,做到代码效率最高、用户体验最好、代码下载量最小,并且可以在单独甚至更多产品线中最大限度地重用代码。

7. 产品测试阶段

在测试上线阶段,产品经理主要起验证的作用,严格把好产品上线前的最后一关,让产品能完美上线。为了保证产品的良好体验,除了需要有优秀的测试人员外,产品经理还要与测试人员保持沟通。

产品测试的目的就是确定最终产品的样子,并且实现以下目标:

(1) 找到产品的不足之处;

(2) 了解产品真正的目标市场在哪里;

(3) 基于样品或者原型,开始全面思考后续的营销策略;

(4) 进一步评估商业价值。

8. 产品运营阶段

大多数互联网产品并没有核心技术,其核心竞争力是其商业模式,因此运营至关重要。在整个产品生命周期里,绝大多数的时间都是在做运营。运营才是一个互联网产品能否成为优秀产品的核心。

互联网产品之间的运营方式千差万别,而且每种产品的运营都有不同的技巧。比如新闻类产品,搜狐的首页新闻是每五分钟观察一下点击数据,点击差的就往下撤,同时运营人员也以点击量为考核目标;比如论坛类产品,运营人员的主要工作是和人打交道,论坛的版主、分类的管理员、总管理员,层层的组织都要合理地建立,建立完成后还需要找到一些不错的意见领袖,打造一个良好的讨论氛围,论坛类产品的考核目标是 UV 和 PV/UV① 双重指标;比如搜索引擎的运营,不停地定指标,写规范,做评估,最后推动开发改进,各种性能都有自己的指标,产品所处的阶段不同,衡量的指标也不同。

---

① UV:Unique Visitor,独立访问用户数;PV:Page View,页面访问量。

### 1.2.3 互联网产品设计思维

**1. 互联网产品设计的主要任务**

互联网产品设计的主要任务是为用户提供服务,因此其设计环节的主要工作是研究用户的行为模式,以便为用户提供更好的服务。

在研究用户行为的基础上,设计互联网产品应深入了解业务,避免闭门造车。互联网产品利用前沿的信息技术突破传统业务、传统方法,创造新的业务模式,或者利用更便利、高效的方法处理传统业务。在设计产品的过程中,应设计好新技术的运用形式,不能让新技术增加学习成本,而应是使用户能够降低使用门槛。

**2. 互联网产品设计的素养要求**

(1)跟踪最新需求。

当今世界已全面进入网络时代,各种互联网产品层出不穷。对同一种需求,有众多互联网产品可供选择。用户的需求日新月异,只有紧跟最新需求、了解用户的喜好,才能准确把握住产品的设计方向。

(2)保持灵活性和艺术性。

工业时代的产品设计方法完全基于市场调研和各种数据分析,还常常制订中长期规划。在用户需求一日千里的互联网时代,这些传统的产品设计方法将被淘汰,取而代之的应该是灵活机动、快速迭代的设计理念。从某种程度上说,互联网产品设计具有一定的艺术性。

(3)不断积累经验。

设计互联网产品不是闭门造车,这项工作对实际动手能力要求很高,要求不断重复设计、收集反馈意见、再设计这一迭代过程。只有具有丰富的实际工作经验,才能学会处理互联网产品设计过程中遇到的问题。

(4)拓展知识储备。

虽然历史、哲学、音乐、绘画、摄影等知识一般不会直接应用于互联网产品设计,但要想做好互联网产品设计需要不同领域的知识,尤其是基本的人文素养、哲学素养、艺术素养。只有这样,才能更好地理解当代社会需求,了解用户在想什么、如何想。只有这样,才能设计出符合时代需求的好产品。

**3. 互联网产品设计的原则**

根据微信之父张小龙的经验,在设计互联网产品过程中应该遵循一些原则,其中几个重要原则总结如下[①]:

(1)先做产品结构,之后才是功能细节。

当设计一个产品时,结构是最重要的,然后才是一些细节。很多人以为"赢在细节",把细节做好就能成功,其实不然。应该先把产品的骨骼梳理清楚,枝叶的东西藏得

---

① 张小龙,陈妍,张军. 微信背后的产品观〔M〕.北京:电子工业出版社,2021.

很深也没有关系，这样整个产品才不会乱掉。

（2）面向场景来设计，而非功能列表。

在设计产品时，应时刻牢记功能脱离了场景是没有意义的。只有把场景分析清楚，才能发现实际需要的功能。只有面向场景，才能对产品功能做出取舍，要让功能存在于无形之中。我们做新功能的时候，总是喜欢把新功能摆出来，生怕用户不知道我们做了什么新功能，而这都是新手设计师的做法。正确的设计理念是，用户到了使用该功能的场景，自然会触发相应的功能。这样才能保持产品的简洁，避免其变得臃肿。因此，在做设计时，功能要从实际场景触发，必要的情况下再对场景进行细分。

（3）不过度设计。

许多设计师通常喜欢在设计过程中展示自己的聪明才智，会觉得在产品中做越多表现会越好，希望用户能够看到新功能。要特别注意，很多"枝叶"是可以去掉的，不要展示得太过。正确的做法是，应该在设计产品时，时刻记得不要打扰用户，尤其是想向用户展示新功能的时候。我们常常看到在很多产品中有很多针对新功能的提示，这样的设计看似体贴用户，实际上会让用户感到特别烦躁，用户会觉得在操作过程中产品把这些提示强加给他，让他感觉被打扰。

（4）保持粗放，保持笨拙。

在设计产品时可以保持一些看似粗放的状态。如果没有想到好的解决方案，千万不要强行去做，因为一个设计师会收到非常多的需求。当没有想到好的解决方案，或者想到的方案具有很多副作用的时候，强行去解决的话，可能得不偿失，产生的副作用可能远远大于正面的作用。因此，遇到难以解决的问题时，可以把问题先放一放，先保持粗放，等想到好的解决方案后再去解决。

## 1.2.4 互联网产品设计经验

互联网产品经理唐杰在自己的工作实践中总结出十条产品设计经验，这些经验主要围绕互联网产品的交互特性和内容特性展开。[①]

1. 系统标准——依照用户具体的使用情境和需求来决定是沿用标准还是创新

移动 App 产品有着初始的平台系统特性，产品设计应该遵循平台系统的设计规范。合理制定和沿用标准，可以大幅度提高效率，也有利于产品的一致性，提升用户体验。除了基础的标准外，我们可以根据具体的需求和目标用户的情境决定是否套用标准，或者创新标准。

2. 目标导向——以用户为中心，关注用户目标而不是关注用户要完成的任务

秉承以用户为中心的设计理念，应用"以目标为导向"的设计方法，进行互联网产品设计。无论是 Web 产品还是移动 App 产品，以及微信小程序等，我们都应当关注用户目标，以最简单直接的步骤给用户想要的结果，特别是在移动互联网碎片化、易打断的

---

① 唐杰.杰出产品经理［M］.北京：机械工业出版社，2016.

使用场景下，更应该避免增加过多的步骤或操作任务。

3. 直觉体验——设计方案必须能够引导用户做出最符合直觉的反应行为

移动平台系统有着基础的体验标准，这些标准培养了用户对 App 应用的体验认知，因此我们需要理解用户的期望、需要、动机和使用情境来制定下一步操作或者内容的出现位置，使用户能够顺畅地完成交互行为。例如：一个功能按钮，用户触击后潜意识会认为下一步操作应该会出现在这个按钮的周边，如果离得太远，就超出了用户直觉。

除了直觉外，我们还需要考虑用户的触摸行为，因此下一步操作的出现位置应该离用户手指最近（舒适的操作范围之内）且不能被挡住（手指或手掌挡住）。

4. 成本控制——从细节开始减少用户的操作及学习成本，使用户快速上手和识别产品特性

了解用户的使用情境（碎片化的时间、随时会被打断），尽量不要增加学习成本（操作学习、界面学习），因为用户的时间是碎片化的，他们没有太多时间学习，特别是多手势操作是有学习成本和记忆成本的。

腾讯、百度等很多第三方的数据显示，一个月都不下载新应用的用户占 60% 以上，绝大多数 App 应用的用户留存率不足 40%。因此，除非产品是特别的刚需，否则不要挑战用户的智商，大部分用户是不会对产品了解透彻之后再使用的。

5. 需求设计——以用户的需求为中心，避免掺杂个人的主观喜好

设计工作开始之前，需要先想清楚：用户是谁，他们有什么特点，我们可以为他们解决什么问题。提供真正能够解决用户问题的设计方案，而不是自己喜欢的设计方案。同时记住上一条，尽量"傻瓜化"，千万不要认为，自己能够理解的东西，用户也能理解。

6. 减少界面——尽量减少界面间的交互，避免新页面切断了用户使用的流畅感

在一个页面里能够交互完成的内容，尽量减少页面的切换，当然前提是考虑了系统的负载。比如搜索功能，触击搜索按钮后平滑展开输入框，同时展开虚拟键盘。又比如选择功能，触击后展开选择器，在选择器里连续触击某个选项两次完成选择，或者选中某个选项后再触击完成。

如上两个简单的示例，都是可以在当前界面内完成的。在当前界面平缓交互出来的元素让用户在体验上更加流畅，同时也让用户觉得只是在原有界面上载入了新元素，用户感观上只需要接受新的元素。而新界面会突然切断用户使用的流畅感，也就是说用户的思维需要进行切换，需要重新接受并认识新的页面，就像进入了另一间屋子。

7. 概念内化——避免概念输出，要尽量以用户听得懂的语言来表达设计

这个取决于产品的定义和用户群体，避免内部概念或行业概念的输出，例如房地产行业，若对普通购房者说租售比（租售比不是百分比数值），绝大多数普通客户肯定听不懂，但若是对购房投资者说租售比，他们肯定听得懂。因此在产品设计中，元素和内容的表达需要考虑用户的定位，使用目标用户群体听得懂的语言来表达，采用通俗化的语言和通俗化的元素，对于无法避免的概念需要提供解释，例如采用"模态"指引等方式。

8. 信息交互——基于信息层面的交互，应该简单自然易懂

信息层面的交互是最直观的交互，因为它本身就能给用户直观的信息反馈，因此信息本身应该简单易懂，不要让用户莫名其妙，同时交互要符合用户期望模型及下意识行为。

9. 简洁元素——减少视觉元素的堆叠，提高交互元素的辨识，合理隐喻交互元素

产品设计中的视觉体验也很重要，如今简洁风格是一种设计趋势，复杂的元素会增加用户的识别成本，用户需要接受和学习的元素过多容易造成审美和使用的疲劳，特别是元素没有统一的连贯性，因此界面越简洁越好，元素越少越好，这样可大大减少用户在视觉上的信息接受量。

在使用图形隐喻时，需要参考前文第 4 条和第 7 条，在移动产品中，由于界面大小的因素，我们经常会使用图标当作功能按钮，因此按钮的图标就需要充分考虑用户的体验认知。例如普遍的圈形箭头是刷新、心形是关注、星形是收藏、齿轮是设置，等等。我们在采用图标隐喻功能的时候，应当考虑用户的认知，避免用户学习和识别的成本。

10. 明确结构——合理划分界面的逻辑结构，按照不同的内容与功能逻辑进行划分，突出结构主次

（1）页面中主要有三层结构：默认层、隐藏层、叠加层。

①默认层：初始显示的界面（或页面）。

②隐藏层：默认隐藏的界面，需要操作时才会显示，例如导航等。

③叠加层：也是需要操作时才会出现，例如对话框、警告、模态窗口和弹出信息等。

（2）页面中分别划分为三个区域：可操作区域、主流程、提示信息。

①可操作区域：主要内容交互的区域，例如选项、信息交互等。

②主流程：醒目地告诉用户，你将进行的操作行为是什么，会产生什么样的结果。

③提示信息：展示用于操作的协助提示类的信息。

关于页面区域的介绍，只是通常情况，仅供参考。第 9 条和第 10 条都是比较偏向于视觉体验，这一层级主要通过色调来增强用户体验，通过色调影响用户操作，并且通过界面结构和内容清晰地告诉用户目前处于什么页面，返回在哪里，能够去哪些页面。

## 1.2.5 移动互联网产品和传统互联网产品的区别

1. 操作习惯不同

在使用传统互联网产品时，用户一般都是较长时间地在处理一项工作或完成某项活动，时间延续较长，时间完整性高，且规律性较强。与此相反，用户大部分情况下利用碎片化的时间使用移动互联网产品，常常是在进行其他工作或活动的同时或间隙操作手机，这些操作具有偶发性，规律性低。

2. 操作方式不同

对于传统互联网产品来说，比较常见的操作方式是利用鼠标和键盘操作个人电脑，用户一般不会随意走动，而且一般是在办公室、家中等比较固定的环境下进行操作。

对于移动互联网产品来说，用户常常是在走路、坐车、排队、睡觉前等不同的情况下进行操作，绝大部分情况下是没有键盘和鼠标的，仅仅用双手，甚至单手进行操作。而且操作时周围的干扰因素比较多，例如走路时会有晃动，还要兼顾周围环境；坐车、排队时，可能是在长时间站立的情况下操作手机；而睡觉前，是在躺卧的情况下操作手机。这就要求在设计移动互联网产品时，要考虑如何让产品适应不同情况下的操作，要采用何种操作方式更便利。

3. 操作内容不同

用户在使用传统互联网产品的过程中，一般会同时处理多项内容。例如，在使用搜索引擎的过程中，同时会利用有道笔记把搜索的内容记下来，用 XMind 把想到的点子整理到思维导图中，还可能同时在用网易云音乐听歌等，这些操作会并发进行。

对于移动互联网产品来说，在同一时间，用户一般只使用一个应用，只处理一项内容，处理完后再去处理其他内容。这些主要是移动端屏幕小这一限制所致，因此移动互联网产品在设计时较少考虑并发操作多个内容的情况。

4. 展示形式不同

传统互联网产品多展示在台式电脑或笔记本电脑上，屏幕较大，因此在设计传统互联网产品时，可以从容地进行布局，在同一个页面显示多个内容。但移动互联网产品主要运行在手机等移动端上，和个人电脑相比，屏幕尺寸小了很多。这就要求设计移动互联网产品时，要根据产品需求，更加合理、高效率地利用屏幕，因此在设计移动互联网产品时，如何更好地展示好内容是一个挑战。

## 思考练习

1. 简述互联网产品与其他一般产品相比有什么特点。
2. 简述互联网产品分为几大类，并分别举例说明。
3. 互联网产品设计包含哪些内容？
4. 试用图画出互联网产品设计的流程。
5. 简述互联网产品的设计思想和注意事项。
6. 举例说明移动互联网产品的特点。

# 2    需求分析与管理

## 【思维导图】

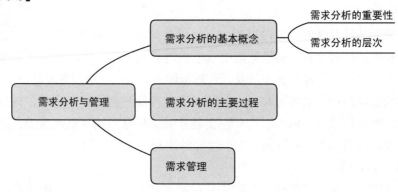

```
                                              ┌──────────────┐
                                 ┌────────────│ 需求分析的重要性 │
                    ┌──────────────┐          └──────────────┘
                    │ 需求分析的基本概念 │
                    └──────────────┘          ┌──────────────┐
                   ╱                ╲─────────│ 需求分析的层次  │
    ┌──────────────┐                          └──────────────┘
    │  需求分析与管理  │──────┌──────────────┐
    └──────────────┘      │ 需求分析的主要过程 │
                   ╲       └──────────────┘
                    ┌──────────────┐
                    │   需求管理    │
                    └──────────────┘
```

## 【学习要点】

1. 深刻认识到需求的重要性。
2. 了解需求的层次。
3. 熟悉需求分析的流程。
4. 掌握需求分析的原则。
5. 了解需求管理。

数十年的软件开发历史表明，与软件开发有关的、最常见、最严重的问题都与需求有关。需求错误可能是软件开发中最常见的错误，也是代价最昂贵的错误。加强对需求分析的重视、提高需求分析的质量将节省大量的金钱和时间成本，提高工作效率和软件质量。

请注意，需求的获取与分析，虽然最终是为产品设计服务，但它是个百分之百面向用户的行为，必须跳出软件的思维框架，从用户画像、心理学、行为学、行业特性等更大的视角来思考。

## 2.1　需求分析的基本概念

在系统工程及软件工程中，需求分析指的是在创建一个新的或改变一个现存的系统或产品时，确定新系统的目的、范围、定义和功能时所要做的所有工作，其中包括考虑来自不同利益相关者的需求，确认是否冲突，在冲突的需求之间进行取舍，并针对软件需求及系统需求进行记录、分析、确认以及管理。

### 2.1.1　需求分析的重要性

做好需求分析是顺利完成软件开发工作的必要条件。需求分析就是软件产品的建设蓝图。软件产品开发时不能以想当然的态度确定用户需求，也不能仅仅靠简单的聊天来了解需求。以建筑房屋为例，若是搭建一个简单的狗窝，在动手搭建前可能只需简单构想一下狗窝的结构、使用材料即可，即使在搭建过程中发现不妥之处，修改起来也不费力气，造成的浪费也很小；但盖一个住宅则不然，需要开工前做好详细设计，否则在施工过程中再进行调整，例如一面已经砌好的墙若需要移动位置，成本会很高。与此类似，做好需求分析是软件产品成功的基础，是必要条件。

### 2.1.2　需求分析的层次

在软件需求分析的过程中，可以把需求分为业务需求、用户需求、功能需求和系统性需求四个层次。每一层有不同的需求，可以在需求分析的过程中逐层细化。

1. 业务需求

业务需求是最高层次的需求，它是对软件产品的整体性要求，主要描述为什么要开发该软件产品，即开发该软件产品的战略目标。我们可以通过软件的使用前景文档和业务范围文档来确定业务需求的边界，也可以让上述两个内容的文档成为市场需求文档，通过该文档，我们可以画出该项目的轮廓图，明确项目的战略方向。

2. 用户需求

顾名思义，用户需求是从具体用户层次确定的需求，是不同用户在不同的应用场景中提出的需求，是用户要求软件产品必须完成的一些具体任务，例如，社交平台中"加好友"这一需求。我们一般使用"用例"来描述这些用户需求。

3. 功能需求

功能需求是比用户需求更低一个层次的需求，它明确规定了软件产品的具体功能，用户通过这些功能来实现用户需求。功能需求明确说明了软件产品开发人员具体应该实现的功能，该层次的需求和开发人员关系最大。

4. 系统性需求

与上述三个需求不同，系统性需求是软件产品对其软硬件运行环境的要求，例如CPU速度、内存大小、硬盘大小、网速大小等，还包括软件产品运行的电脑或移动终端的操作系统、相关数据库系统的要求。

## 2.2 需求分析的主要过程

需求分析是一个系统工程，由确定需求、需求建模、编写产品需求文档、验证需求等相互联系、密不可分的几部分构成。

1. 需求确定

需求确定是开发软件产品的第一个步骤，在该步骤的主要任务是在充分调研的基础上确定需求的内涵和外延。在这一步骤一般可以采用以下几种方法完成任务：

（1）访谈。[1]

需求团队需要和用户等互联网产品的利益相关者进行正式和非正式的访谈，针对利益相关者的需求提出问题，从这些问题的回答中得到需求。访谈可以有两种类型：一是封闭式访谈，利益相关者回答一组预定义的问题；二是开放式访谈，没有预定义的日程，需求团队与利益相关者探索一系列的问题，并得到他们需要的对需求更好的理解。在实际过程中，与利益相关者的访谈一般是这两种方式的结合。开始，可能会针对一些特定的问题寻求答案，但这些问题通常会引发其他一些问题，这些问题会以更加非正式的方式进行探讨。完全开放式的讨论通常效果都不好，常需要通过提问来开始，然后再聚焦到待开发的产品。

（2）场景用例。

场景和用例方法是常用的确定需求的方法。每个场景就是一个故事，它描述了特定任务的执行过程实例，通过对实例的讨论会发现一些问题，然后再深入讨论，明确需求细节，这就会对需求有更好的理解。同一任务可能有不同的场景，同一任务的不同场景的集合就是用例。用例可以有很多方式文档化，一般先用文字记录下来，再用图表示出来，即用例图[2]。用例图只描述功能，而不涉及如何实现，如图2-1所示。

① 伊恩·萨默维尔. 软件工程 [M].北京：机械工业出版社，2018.
② 弗利特. 软件工程：原理与实践 [M].3版. 北京：电子工业出版社，2011.

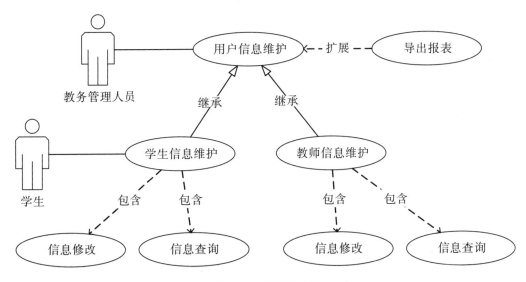

图 2-1 用例图示例

通过图 2-1，我们可以发现用例图以图形化的形式把需求表达出来，有助于更直观地理解需求。用例图一般包含三个元素：参与者（Actor）、用例（Use Case）、子系统（Subsystem）。参与者是与待开发系统产生交互的用户或其他系统；用例是系统提供的功能，该功能从系统外可见；子系统是待开发系统的一部分功能，由紧密联系的几个功能组成。

用例图中包含四种关系，如表 2-1 所示。

表 2-1 用例图所包含的四种关系

| 关系类型 | 说明 | 表示符号 |
|---|---|---|
| 关联 | 关联关系表示参与者与用例之间的通信，任何一方都可发送或接收消息<br>【无箭头】：指向用例，连接参与者和用例 | —————— |
| 泛化 | 泛化关系即继承关系<br>【箭头指向】：指向父用例 | ————▷ |
| 包含 | 包含关系用来把一个较复杂用例所表示的功能分解成较小的步骤<br>【箭头指向】：指向分解出来的功能用例 | ----包含---→ |
| 扩展 | 扩展关系是用例功能的延伸，相当于为基础用例提供一个附加功能<br>【箭头指向】：指向基础用例 | ----扩展---→ |

2. 需求建模①

需求建模是指用规范的符号将系统需求进行抽象处理，以确保可以无歧义地明确关键要素。在需求分析过程中经常用到以下三种模型：

（1）实体—关系图（E-R图），提供了表示实体、属性和联系的方法，用来描述现实世界的结构，如图2-2所示。

图2-2是一个实体—关系图的例子。

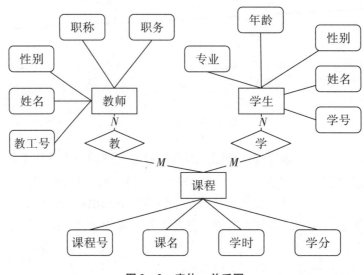

图2-2 实体—关系图

从图2-2可以看出实体—关系图包含三种信息：实体、属性、联系。实体用直角矩形表示，矩形框内写上实体名字；属性用圆角矩形（或椭圆）表示，并用无向边将其与相应的实体连接起来；联系用菱形表示，菱形框内写上联系的名字，并用无向边将其与有关实体连接起来，同时在无向边旁标上联系的类型（$1:1$，$1:N$ 或 $M:N$），即存在的三种联系（一对一、一对多、多对多）。

（2）数据流图（DFD图），从数据传递和加工角度，以图形的方式来表达系统的逻辑功能、数据在系统内部的逻辑流向和逻辑变换过程。由于它只反映系统必须完成的逻辑功能，因此它是一种功能模型（将在第7章进行详细介绍）。

（3）状态转换图（简称状态图），直观表达了状态之间可能的转换，可以对一个对象在整个生命周期里所经历的状态进行建模。它可以描述可能的系统状态、允许的状态变化、触发状态变化的事件或状态，如图2-3所示。

---

① 王柳人. 软件工程与项目实战［M］.北京：清华大学出版社，2017；WIEGERS K，BEATTY J. 软件需求［M］.李忠利，李淳，霍金健，等译. 北京：清华大学出版社，2016.

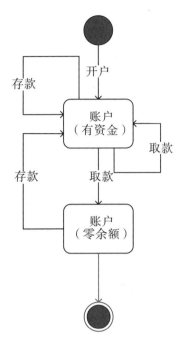

**图 2 - 3　状态图**

从图 2 - 3 可以看出状态图比实体—关系图的逻辑关系复杂很多，它通过描述系统的状态和引起状态转换的事件来描述系统的行为。状态图由三个元素构成：状态、事件和状态转换。

状态是指在对象生命周期中满足某些条件、执行某些活动或等待某些事件的一个条件和状况。状态图中的状态有初态、中间态和终态，其中初态有且仅有 1 个，终态有 0 个或多个。初态用实心圆表示，中间态用圆角矩形表示，终态用一对同心圆表示（内圆为实心圆）。

事件是触发对象的状态发生变化的事情，事件可以由条件来控制其是否起作用。

状态转换通过箭头来表示，用于描述对象的状态从源状态到目标状态的改变，即当某事件的触发条件满足时，处于源状态的对象会进入目标状态，在这个转换过程中对象会执行一系列的操作。

3. *编写产品需求文档*

在确定需求并完成需求建模后，已经对产品需求有明确的理解，这时需要用产品需求文档（PRD）把这一阶段的成果明确、规范地保存下来。PRD 是开发过程中非常重要的文档，其面向对象是研发部门，用于向技术人员说明要开发的产品功能以及这些产品功能的性能要求。在产品开发过程中，PRD 是开发和测试的唯一依据，PRD 贯穿整个产品开发生命周期，其质量好坏不仅直接影响到研发部门是否能够明确产品的功能和性能，而且在很大程度上决定了最终产品的质量。①

4．验证需求②

由于后续的设计和编码工作都是以需求为基础的，需求分析阶段的错误将导致最终软件产品中的错误。为了提高软件质量，减少开发过程中纠正错误的成本，必须严格验证这些需求的正确性。一般来说，应该从以下四个方面进行验证：

（1）一致性。所有的需求必须是一致的，相互之间不能存在矛盾。

（2）完整性。需求应该是完整的，应该包括用户的所有需求。

（3）现实性。所列需求应该是在现有软硬件技术上可实现的。

（4）有效性。需求必须是正确有效的，能解决用户所面临的实际问题。

需求验证的方法主要有以下三种③：

（1）审查需求文档：由用户、开发人员、测试人员等共同成立审查小组，对需求文档进行详细检查，找出其中的缺陷和漏洞。

（2）测试需求：通过测试用例确保没有忽略任何需求，并验证需求的正确性。

（3）定义合格标准：确定满足需求所应达到的标准，以使用情况为基础进行合格性测试。

## 2.3 需求管理④

在获取需求的时候，与软件需求相关的问题不可能完全被定义，因此在软件开发过程中，用户、开发人员、管理人员等各相关方对软件产品的理解总是在不断变化，与此相对应，软件产品的需求也总是在变化，这在软件开发过程中是不可避免的。因此，如何应对需求变更是软件开发过程中极为重要的问题。要尽可能早的发现需求变更，并把这些变更及时反馈给用户、开发人员和管理人员等相关方，并达成一致。不被控制的需求变更，将导致项目逐步走向混乱，无法按时保质保量地完成。

需求管理是一个对系统需求变更了解和控制的过程，需要跟踪需求变更并维护需求之间的联系，需要有一个规范的过程收集需求变更，并对这些变更的合理性、可行性和成本等进行评估。因此，需要对需求管理进行合理的规划，规划是需求管理非常重要的一个环节。需求管理规划需要识别需求、对需求变更进行评估、记录并维护各需求之间的联系以便追溯。需求管理非常复杂，常常需要借助管理工具来实现，如禅道、Gitlab、Polarion、JIRA、DOORS、Gitee、PingCode、Reqtify、TAPD 等。

需求变更是需求管理的核心问题，需求变更管理的过程有三个阶段：

（1）问题分析和变更描述：评估需求变更的合理性、有效性，并将结果反馈给相关

---

① 徐建极. 产品经理的 20 堂必修课［M］. 北京：人民邮电出版社，2013.

② 张海藩. 软件工程导论［M］. 5 版. 北京：清华大学出版社，2008.

③ WIEGERS K E. 软件需求［M］. 刘伟琴，刘洪涛，译. 2 版. 北京：清华大学出版社，2004.

④ 唐杰. 杰出产品经理［M］. 北京：机械工业出版社，2016.

人员。

（2）变更分析和成本核算：评估需求变更产生的影响，包括对需求文档的修改、系统设计和实现的变动等。

（3）变更实现：针对需求变更，修改相应的需求文档、系统设计和实现。

## 思考练习

1. 举例说明需求分析的重要性。
2. 简述需求分析的层次。
3. 简述需求分析的流程。

# 3  交互与视觉设计

## 【思维导图】

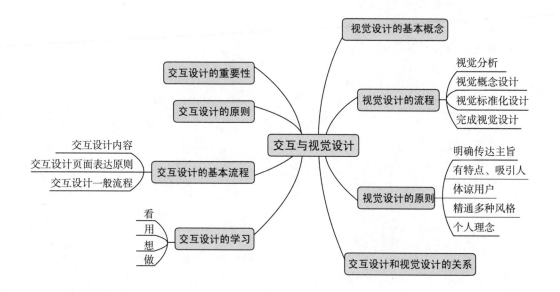

## 【学习要点】

1. 了解交互设计、视觉设计的概念。
2. 掌握交互设计、视觉设计的原则。
3. 熟悉交互设计、视觉设计的基本流程。
4. 掌握 Axure 工具的基本操作。
5. 了解交互设计和视觉设计的关系。

在互联网软件产品开发过程中有两个和产品外观密切相关的阶段：交互设计和视觉设计。

　　"交互"对互联网产品的成功至关重要，交互设计要以用户体验为核心，以为用户提供简捷方便的应用为宗旨。人机交互（Human-Computer Interaction，HCI）是一门计算机科学，主要研究关于设计、评价和实现供人们使用的交互计算系统以及相关现象。在人机交互领域"以用户为中心进行设计"（User Centered Design，UCD），要求设计者把用户的需求置于一切需求之上。

## 3.1　交互设计的重要性

　　交互设计从计算机诞生那一刻起就存在。第一代计算机没有显示器，也没有鼠标键盘，当时人和计算机的交互是靠穿孔卡片完成的，人们把穿孔卡片输入计算机，计算机把计算结果通过在卡片上打孔的形式输出。

图 3 - 1　第一代计算机①

　　随着计算机的发展，逐渐出现了显示器、键盘、鼠标等各种输入输出设备，人和计算机的交互越来越方便。互联网产品的交互设计也属于人机交互的范畴，其关键在于通过交互设计使用户使用产品，这是交互设计的核心目标。

　　通俗来讲，交互设计的核心目标就是提升用户体验（User Experience，UE），这是用户在使用产品过程中建立起来的纯主观感受。有三个影响用户体验的因素：系统、用户

---

　　①　图片来源：https：//baijiahao. baidu. com/s？id = 1721529107905492058&wfr = spider&for = pc.

和使用环境。在做交互设计之前,首先要搞清楚三个关系①:

（1）交互设计与程序设计的关系:产品中直接影响最终用户的设计部分称为交互设计部分,不影响最终用户的设计部分称为程序设计部分。

（2）交互设计与界面设计的关系:界面设计只是告诉人们怎么打扮现有的东西,若在设计界面的时候改变交互方式就为时已晚了。

（3）交互设计与行为设计的关系:交互设计首先考虑什么是对用户有价值的;而行为设计告诉用户软件的元素怎么表现和交流。

交互设计的目的是获得更好的用户体验,而用户体验一般包含五个层次②:

（1）表现层（Surface）,用户会看到一系列界面,它由图片和文字组成。一些图片是可以被点击的,从而执行某些功能。

（2）框架层（Skeleton）,框架层位于表现层之下,是按钮、表格、照片和文本区域的位置,用于优化设计布局,以达到这些元素的最佳效果和效率。

（3）结构层（Structure）,该层比框架层更抽象,框架是结构的具体表达方式。框架层确定了交互元素的位置,而结构层则用来设计用户如何到达某个页面,并且他们完成操作之后会跳转到什么地方。

（4）范围层（Scope）,结构层确定软件产品各种特性和功能的最佳组合方式,这些特性和功能就构成了软件产品的范围层。

（5）战略层（Strategy）,软件产品的范围是由战略层决定的,不仅包括经营者想从产品中得到什么,还包括用户想从产品中得到什么。

在移动互联网时代,上述要素仍然存在。我们能强烈地感受到,移动互联网产品正为越来越多的服务提供入口,正在改变传统业务的经营模式。

## 3.2　交互设计的原则

尼尔森的"十大可用性原则"是互联网产品设计过程中的重要参考标准③:

1. 状态可见原则（Visibility of system status）

用户在界面上的任何操作,无论是单击、滚动还是按下键盘,界面应即时给出反馈。"即时"是指界面响应时间小于用户能忍受的等待时间。该原则就是要让用户能够实时了解系统当前的状态,让用户了解其处于系统流程的哪一步,其操作有没有成功等。

2. 环境贴切原则（Match between system and the real world）

系统应该使用用户熟悉的语言（包括单词、短语和概念等）,而不是面向系统的术语。和用户交互时,应遵循现实世界的惯例,使信息以自然和逻辑的顺序出现。即界面的一切

---

① COOPER A. 交互设计之路 [M]. Chris Ding, 译. 北京:电子工业出版社, 2016.

② GARRETT J J. 用户体验的要素:以用户为中心的 Web 设计 [M]. 北京:机械工业出版社, 2008.

③ 尼尔森十大可用性原则 [EB/OL]. [2018-01-22]. https://www. jianshu. com/p/45ca432b03f6.

表现和表述，应该尽可能地贴近用户所在的环境（年龄、学历、文化、时代背景等），而不要使用第二世界的语言。图3-2所示不易理解，应使用用户熟悉的表述和名词。

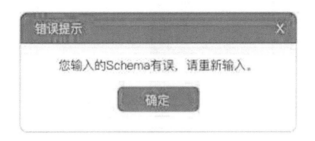

**图3-2　使用用户熟悉的表述和名词**

3. 撤销重做原则（User control and freedom）

为了避免用户的误用和误击，界面应提供撤销和重做功能。用户经常错误地选择系统功能，或者误操作，因此用户需要明确标记的"紧急出口"，以离开不需要的状态，而无须进行扩展的对话。简单来说，就是不要让用户走进死胡同，永远给用户提供出口和退路（见图3-3）。

**图3-3　撤销重做原则示例**

4. 一致性原则（Consistency and standards）

用户不必怀疑不同的词语、情况或动作是否意味着同一件事。产品在遵循平台惯例的基础上也要保证产品功能操作、控件样式、界面布局、提示信息的一致性，不要让用户在使用产品的时候发现有不符合产品规范的地方。

图 3-4  一致性原则示例

在图 3-4 中，从应用的启动到进入产品首页都具有一定的延续性（色彩、Logo）。

5. 防错原则（Error prevention）

精心设计的系统可以防止问题从一开始就发生，消除容易出错的条件，或者检查条件，并在用户执行操作之前向其提供确认选项。

用户在使用产品的时候难免会出错，但一个好的产品应该防止用户容易出错的地方的出现，或直接去除掉出错的可能性，避免错误的发生。因此，为了让用户避免出错就需要对产品页面的设计、布局、规则进行反复验证，把发生错误的可能性降到最低或没有（见图 3-5）。

图 3-5  防错原则示例

6. 易取原则（Recognition rather than recall）

通过使对象、操作和选项可见，最大程度地减少用户的记忆负载。用户不必记住从对话的一部分到另一部分的信息。在适当的情况下，系统使用说明应清晰可见或易于检索。好记性不如烂笔头。尽可能减轻用户的回忆负担，把需要记忆的内容呈现出来。例如图 3-6，不应该让用户记住操作路径和目标位置。

图3-6 易取原则示例

7. 灵活高效原则（Flexibility and efficiency of use）

中级用户数量远高于初级和高级用户数量。为大多数用户设计，不要低估，也不可轻视，保持灵活高效，就是指用户在使用产品时能够方便快捷地完成相关任务或动作，即让用户以最便捷的方式完成任务，例如QQ会为用户提供最近使用的表情（见图3-7）。

图3-7 灵活高效原则示例

8. 易扫原则（Aesthetic and minimalist design）

互联网用户浏览网页的动作不是读，不是看，而是扫。易扫，意味着突出重点，弱化和剔除无关信息。这条原则本质是对用户视觉注意力资源的规范，尽量让用户视觉注意力聚焦，花最少的精力获取重要的信息（见图3-8）。

| ×错误示例： | ✓正确示例： |
|---|---|
| 人类的行为会在相当程度上受到周围的人的影响，尤其是那些令他们深深认同的人，这就是社会认同原理。换句话说就是从众心态，如果在缴税通知单上标出大多数人都已经按时缴纳完毕，那么拖欠税款的现象会有相当大程度的改善。<br><br>人们总是愿意与自己所属的群体行为保持一致，同时与不愿与之扯上关系的群体划清界限。比如当年黄勃在《疯狂的石头》里一句经典台词"班尼路，牌子"，就毁掉了班尼路所有苦心孤诣积攒的品牌资产。<br><br>如果你不鼓励某种行为，就把这些行为和受众不想要的身份联系起来。现在的00后都在用QQ，因为微信是"老年人"用的社交软件。<br><br>每个人心中的社会规范标准是不一样的，用违背对方的社会规范角度去遣词造句，更容易获得说服效果。<br><br>举个例子：如果你有个朋友总是不守时，你很苦恼，你要劝劝他：<br><br>如果对方也认为"守时"是很必要的，那么要强调不守时的坏处；如果对方认为"守时"没那么大的必要，那么就要强调"守时"能够带来的好处。<br><br>"破窗理论"是指微小地违背社会规范行为，会对其他行为造成负面的影响。环境中的不良现象如果被放任存在，会诱使人们仿效，甚至变本加厉。 | **1. 向"大众"借力**<br>人类的行为会在相当程度上受到周围的人的影响，**尤其是那些令他们深深认同的人，这就是社会认同原理**，换句话说就是从众心态，如果在缴税通知单上标出大多数人都已经按时缴纳完毕，那么拖欠税款的现象会有相当大程度的改善。<br><br>**2. "小众"的反作用力**<br>**人们总是愿意与自己所属的群体行为保持一致，同时与不愿与之扯上关系的群体划清界限。** 比如当年黄勃在《疯狂的石头》里一句经典台词"班尼路，牌子"，就毁掉了班尼路所有苦心孤诣积攒的品牌资产。<br>如果你不鼓励某种行为，就把这些行为和受众不想要的身份联系起来。现在的00后都在用QQ，因为微信是"老年人"用的社交软件。<br><br>**3. 非常态 VS 常态**<br>每个人心中的社会规范标准是不一样的，用违背对方的社会规范角度去遣词造句，更容易获得说服效果。举个例子：如果你有个朋友总是不守时，你很苦恼，你要劝劝他：<br>如果对方也认为"守时"是很必要的，那么要强调不守时的坏处；如果对方**认为"守时"没那么大的必要，那么就要强调"守时"能够带来的好处。**<br><br>**4. 强大的环境暗示**<br>"破密理论"是指微小地违背社会规范行为，会对其他行为造成负面的影响。环境中的不良现象如果被放任存在，**会诱使人们仿效，甚至变本加厉。** |

**图 3-8　易扫原则示例**

9. 容错原则（Help users recognize, diagnose and recover from errors）

帮助用户从错误中恢复，将损失降到最低。如果无法自动挽回，则需提供详尽的说明文字和指导方向，而非代码，比如404。我们尽量避免用户出现操作错误，但当错误出现时，我们应该尽量去安抚用户的挫败感（见图3-9）。

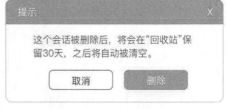

**图 3-9　容错原则示例**

10. 人性化帮助原则（Help and documentation）

系统应该提供人性化帮助，帮助性提示的方式有：无须提示；一次性提示（见图3-10）；常驻提示；帮助文档。

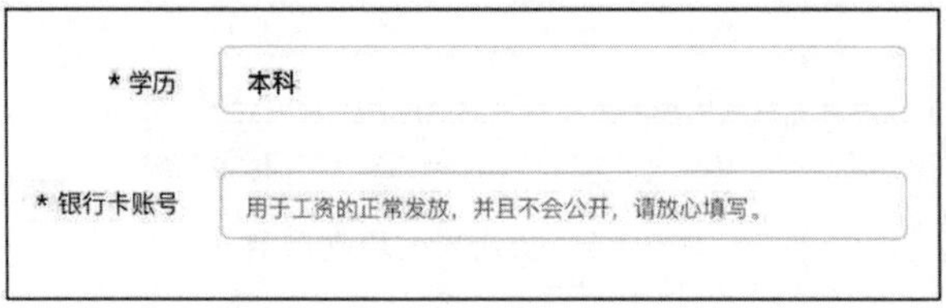

**图 3-10　帮助性提示示例**

## 3.3 交互设计的基本流程

若要做好交互设计，必须遵循一定的流程。行业不同、公司战略目标不同，会采用不同的交互设计流程。虽然这些交互设计流程之间在细节上存在着巨大的差异，但它们基本遵循一个相对通用的框架。在具体进行交互流程设计时，会根据项目规模增减等具体环节，进行相应的调整。毕竟交互设计具有一定的艺术性，需要设计人员根据实际需求进行因地制宜的灵活变通，以实现互联网产品的战略目标。

### 3.3.1 交互设计内容①

交互设计的产出物是可交互的低保真原型，其内容包括信息架构、页面布局、流程跳转。

1. 信息架构

信息架构，是为了让用户在使用 App、网页的时候，能够快速找到自己需要的信息、资料、功能，并且在使用的过程中不会迷路。它有层级、有逻辑顺序、能反映信息（功能）的重要程度和关系。

信息架构的组成部分：

（1）组织系统。关注如何组织信息。比如小说，按篇幅，可以分为短篇、中篇、长篇；按年代，可以分为古代、近代、现代、当代；按题材，可以分为武侠、推理、历史、言情……从哪个角度来组织、到底多少层合适，需要设计者的判断和权衡，比如当当网的商品组织方式（见图 3 - 11）。

**图 3 - 11 组织系统示例**

---

① 四四四毛. 交互设计分享 ［EB/OL］. ［2015 - 06 - 02］. https: // www. jianshu. com/p/41064feda123.

（2）导航系统。协助用户了解他在哪个位置，以及如何到达目标功能，比如微信服务的功能导航（见图 3 – 12）。

图 3 – 12　导航系统示例

（3）搜索系统。关注用户如何搜索信息，比如淘宝中的搜索（见图 3 – 13）。

图 3 – 13　搜索系统示例

（4）标签系统。标签和分类其实没有本质区别。我们可以把标签系统理解为如何为信息和它的组织方式命名。一些大型网站，比如淘宝、当当、京东等，设有专门的信息架构师。而大部分的 App 中，信息架构由交互设计师设计。图3 – 14黑色方框内是百度音乐的标签。

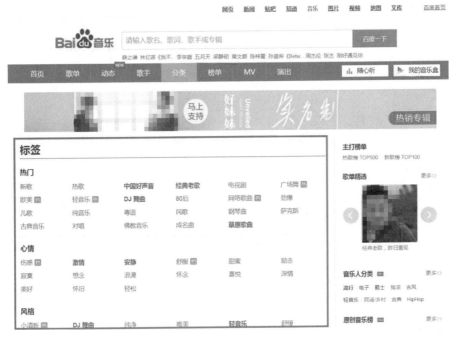

图3-14　标签系统示例

设计标签有一些通用的原则：

①尽量窄化范围，开发一致的标签系统而非标签。一致性代表的就是可预测性，当系统可预测时，就相对比较容易学习。

②标签内容语义清晰。设计时需要对用户进行研究，然后使用用户的语言来对标签进行命名。

③主干路径清晰。产品的主要功能架构是产品的骨骼，它应该尽量保持简单、明了，不可以轻易变更，否则会让用户无所适从。次要功能用于丰富主干，不可以喧宾夺主，尽量将其隐藏起来，不要放在一级页面。

2. 页面布局

页面布局的工作，就是确定每个页面有哪些元素，它们的位置、顺序、分组要突出什么元素，弱化或隐藏什么元素。

在设计布局时，有一个要特别注意的事情，就是尽可能减少父页（所有布局抽象出来的模板）。例如360安全路由的App，它的父页如图3-15所示，所有内容都可通过"左侧导航栏——内容板块"这两级菜单快速访问。

图 3-15　360 安全路由

3. 流程跳转

设计页面之间的跳转逻辑，通过链接、按钮或是手势；单击或是双击；上划或是下划……我们在做可交互的原型时，要尽可能地贴近软件的最终效果。

### 3.3.2　交互设计页面表达原则①

1. 更少的信息量

用户不是在阅读页面，而是在浏览页面。在浏览与自己目标匹配的文字和图片时，冗长的链接、说明和消息只能减慢用户的速度，并且"隐藏"重要信息。

2. 不提供多余的功能，减少出错

提供尽可能多的功能并不意味着会有更多的用户喜欢。提供过多的功能，过大的自由度不仅不会使产品的功能更强大，反而会给用户造成更多错误的引导。

3. 结构化更易于理解

结构化是指将信息归纳、整理成若干条，以条目的形式展示的做法。将含有较大信息量的文字信息逐条展示可以提高用户的阅读速度和阅读效率。

4. 信息的表达应该清楚、明确、直接

清楚、明确、直接是信息表达的基础要求，但是不容易做到。

5. 操作可识别

链接应该像链接，按钮应该像按钮。蓝色、带下划线的文字是目前链接文字通用的表现方式。按钮应当是有立体感的，看上去就感觉像是可以点击的。操作可识别原则是为了保证用户触发操作的有效性。

---

① 老曹．臭鱼：页面表达原则［EB/OL］．［2012-05-17］．https：//www．woshipm．com/pd/318．html．

6. 操作前，结果可预知

未进行一个操作之前，应该让用户大致能猜测到操作后会是什么样的结果。或者说，操作的设计应该和用户的期望相同。那些只写成"返回""上一步""下一步"的链接，最好还是写清楚些为好。比如写成"下一步进入购物车""返回首页"等。

7. 操作时，操作有反馈

完成一个操作后，需要页面上有反应。

8. 操作后，操作可撤销

执行一个操作后，应当允许撤销，允许用户反悔。

9. 让用户知道身处何地——页面标题、导航

让用户知道自己当前身处何地是个基本的诉求。清楚地表明当前页面是什么，在哪里，可以在很大程度上降低用户的恐惧感。目前能实现这个要求的方法主要有两个：页面标题和导航。

10. 避免内容看上去像广告

用户在阅读页面的时候，会"有选择地"阅读，既非单纯按照从左到右或从上到下的顺序阅读，也不是单纯地按照视觉规律阅读，色彩显眼的、能运动的图形很容易引起视觉上的注意。但如果看上去像广告，那么用户在阅读时会跳过那一部分内容。页面的阅读顺序不仅遵循常规的阅读规律，还受页面阅读习惯的影响。因此，页面上的正文内容不要表现得像广告一样。另外，并非展示更大形象的图片就更突出内容；内容中的元素能动起来，也不意味着更能吸引用户；类似"马上注册！""免费获取"之类的说法也不意味着能吸引人。这些表达方式都有可能让用户误会。

11. 同一功能在不同页面上位置相同

同一功能在不同页面出现在相同的位置上可以减少用户寻找的时间。

12. 措辞统一

表述中避免使用"用户"，而使用"网友""朋友""访客"等。第二人称用"您"，而不使用"你"。用"登录"，而不用"登陆"。但"登陆"一词也确实会用到，比如：登陆"qq.com"。当然，在这种情况下，也应尽量避开"登陆"一词，最好用"访问""浏览"之类的词代替。

### 3.3.3 交互设计一般流程①

交互设计的一般流程首先考虑概念设计，然后考虑行为设计，最后考虑界面设计，如图 3 - 16 所示。

---

① Zhuo43. 够专业！一个完整的交互设计流程是怎样的？［EB/OL］．［2015 - 07 - 24］．http：//uisdc.com/complete - interactive - design - workflow.

图 3-16　交互设计步骤

其中，概念设计包括：定性研究、确定人物角色；行为设计包括：写问题脚本、写动作脚本；界面设计包括：画线框图、制作原型、专家评测、用户评测。

1. 定性研究（Qualitative research）

无论你用何种形式做调查，你的目的是了解用户的五个方面：

（1）行为（Activities）：例如用户多久访问一次、每次停留多久？

（2）态度（Attitudes）：例如用户怎样看待这个产品？

（3）资质（Aptitudes）：例如用户的学历怎样？

（4）动力（Motivations）：例如用户为什么用这个产品？

（5）技能（Skills）：例如用户对使用相关产品是否熟悉？

2. 确定人物角色（Persona）

如果你的定性研究有所成功，那么你应该对你的用户有所了解。根据上文中的五个方面，你需要挑拣出最典型的一个或几个形象。例如知乎的人物角色可能有：比较普通的求知者、特定领域的专家、到处"灌水"的……

你不仅要确定这些人物角色的主要特点，还要确定他们的需求和目的。为了增加真实性，可以给人物角色取名字，选一张照片，细化他们的背景资料。

3. 写问题脚本（Problem scenario）

基于你对人物角色的理解，你应该已经可以设想出他们在使用产品时可能遇到的问题了。你可以为每一个人物角色列一张问题清单，也可以把它们整理到一个简短的故事里。

4. 写动作脚本（Action scenario）

首先你要为已列出的问题想好可能的解决方案，然后写一个简短的故事把这些解决方案囊括进去。写成故事的好处是代入感较强，对别人来说容易理解。有些设计人员比较推崇故事板，但是把所有情景都画出来，效率是非常低的。

5. 画线框图（Framework）

这个时候你对你的交互方案已经有了一个比较抽象的想法了，现在只要把它具象化就好了。这一般通过画线框图实现。

6. 制作原型（Prototype）

可以使用的原型工具有很多。例如 Axure RP 和 Pencil Project 都比较有名，国内也有不少。无论用什么工具，哪怕是 PPT 或者 PDF，只要做出一个可以交互的东西即可。

一个原型不可能实现所有功能，因此每个原型只需要确定几个可以走通的任务。例如能够成功在知乎里发布一个问题等。

7. 专家评测（Expert evaluation）

原型完成后，召集至少两个设计师或者对交互比较了解的人，使用并评测原型。你可以将原型所关注的几个任务列出来，以免专家不知道原型哪些部分可交互，哪些部分不可交互。

比较常用的评测方法是启发式评估法（Heuristic evaluation），而这种方法比较常见的标准是上文所述的尼尔森交互设计法则（Nielsen heuristic，请参考 3.2 节）。

如何做启发式评估法？很简单，专家们各自将自己发现的问题列出来，并将之与对应的法则相关联，或者根据法则来查找问题，然后专家们分别给自己的问题打分。专家们完成自己的问题列表后，一起讨论，将问题整合起来。

常用的打分方法如下：

4 分——问题太过严重，问题一旦发生，用户的进程将会终止并且无法恢复；

3 分——问题较为严重，用户的进程很难恢复；

2 分——问题一般严重，但是用户的进程能够自行恢复，或者问题只会出现一次；

1 分——问题较小，偶尔发生，并且不会对用户的进程产生太大影响；

0 分——不算问题。

记住：评测完后，别忘记修改你的线框图和原型！

8. 用户评测（User evaluation）

原型通过专家评测后，你可以找一些典型用户测评原型。你可以把任务列给他们，让他们自己尝试完成任务。中间遇到的问题可以记录下来，设计师通过观察来进行评分。

比较常用的用户评测方法是有声思维（Think-Aloud）方法。该方法也很简单，首先请用户使用原型完成指定的几个任务，让他们在使用过程中将他们的每一步和心中的想法说出来。如果他们忘记说或者不知道该怎么说，你可以适当提问。与此同时，你可以用录屏软件或摄像头将屏幕和声音录下来。完成后，你回放这些视频，把观察到的问题和用户报告的问题全部记录下来，与交互法则关联并且打分。

值得注意的是，很多人更习惯给出建议而不是提出问题，例如"这个按钮应该更大一点，这样才看得到"。这时，你该记录下来的是"按钮不够引人注意"。

## 3.4 交互设计的学习①

学习交互设计是个漫长的过程，一个合格的交互设计师在生活中就得多看、多用、多想和多做。

### 3.4.1 看

看即观察。交互设计师需要有好的视觉设计感觉，需要有基本的审美能力。如何提升审美能力？只有一种方法，看，接触大量优秀的设计作品。现在有很多平台可以让你很容易地找到世界上顶尖设计师们设计的东西，比如 Behance、Pinterest、FWA、

---

① 四四四毛. 交互设计分享［EB/OL］.［2015－06－02］. https：//www. jianshu. com/p/41064feda123.

Dribbble……如果访问国外网站有困难，也可以选择国内的，比如花瓣网。不要只看软件界面，也看看其他领域的设计作品，如好的建筑、好的电影海报、好的摄影作品、好的艺术作品。看到喜欢的，把它们收集起来。

把自己平时喜欢的、会分享的设计，同设计领域的人沟通，听听他们的意见。一个专业的设计师，不会只说：这个好，那个不好，他们会说：为什么好，为什么不好，比如"这个界面主次不够突出，重点元素没有强调出来""没有引导用户的视线"等。

### 3.4.2 用

用即使用。交互设计不只是设计一个个页面，它还得把页面串起来。因此看单个页面还不行，我们要用、要体验实际的产品，看看别人是怎么把一个个页面组合成产品的，页面和页面间的过场是怎样的。

下载优秀的 App，把所有页面、所有功能浏览、使用一遍。优秀的 App 来源，可以是应用市场每个分类下的 Top20，也可以来自一些优秀的组织、用户推荐，如最美应用、知乎上的 App 推荐等。

### 3.4.3 想

想即思考。认知科学研究发现：世界上顶级象棋选手之间的差距，其实并不是他们思考能力的差异，或者能否走出一招妙棋，而是他们熟悉的棋谱的多寡。做交互设计也是这样，决定交互设计师设计水平的，是在做设计时能够想起多少个相似的设计，并借鉴、组合、改进它们，使它们成为自己的设计。

我们看了那么多优秀的设计，用了那么多优秀的产品，怎么样才能在需要的时候记起它们呢？认知科学给出的答案很简单，去想，去思考。一样东西进入我们的大脑，如果我们没有思考过，大脑会认为这个东西没用，就丢掉它，不存下来。但如果我们仔细思考过它，大脑就会自己做个判断，认为以后有可能要再度想起它，就把它存下来。

因此，不只要看、要用，还要想。比如要想：

（1）信息架构是怎样的？有没有层级，有没有逻辑顺序？能不能反映它们的重要程度和关系？

（2）页面布局是怎样的？它们位置、顺序是怎样的？它们是怎么分块的？它们是怎么突出主要任务的？

（3）有没有其他设计亮点，比如好的隐喻，视觉怎么营造氛围。把所有思考结果记录下来，记得多了就会形成自己的观点。

### 3.4.4 做

做即实践。可以直接在项目中实践，在没有条件的情况下，可以尝试重新设计现有的产品。比如我们可以重新设计微信、简书；如果我们觉得某个软件设计得不够好，可以重新设计它。通过这种训练方式，提升自己的设计技能，使自己逐渐达到准设计师的水平。

## 3.5 视觉设计的基本概念

视觉设计在互联网产品开发过程中占有非常重要的地位，用户需要通过视觉设计对产品产生第一印象，体会产品的主旨。在最开始，视觉设计仅仅是一些界面设计等工作。随着互联网产品的发展，视觉设计的相关工作已远远超过了界面设计，涉及与视觉相关的方方面面，不仅是针对用户的视觉感受，还包括把设计者的理念通过视觉传达给用户。更重要的是，要通过视觉设计把相关的互联网产品的自身内在价值传递给用户。在视觉设计过程中，不仅要考虑静态的视觉效果，还要考虑用户在使用产品过程中视觉对用户、产品之间交互性的影响。

## 3.6 视觉设计的流程

视觉设计在需求分析的基础上，根据对产品的整体了解，以视觉的形式展示产品的价值、实现产品的功能。视觉设计的一般流程如下：

### 3.6.1 视觉分析

这个阶段的主要工作是根据产品定位分析、目标客户分析、流行趋势分析、潜在竞争对手分析决定产品的视觉设计风格。设计人员可以借助提炼情感关键词来完成视觉分析，即可以分析用户在使用你的产品时将会产生怎样的情绪，例如：亲情、温馨、思念等。需要注意的是，情感关键词要少而精，一般选出最重要的三个即可。随后针对这些关键词确定色彩等视觉设计风格。

### 3.6.2 视觉概念设计

从本质上来说，概念设计提供的是思想，通过视觉符号把产品的本质属性确定下来，即概念设计提供的是创意，从某种理念、思想出发对视觉设计在观念形态上进行概括、总结，为视觉设计的下一步指引方向。总体来说，概念设计是具有尝试性和探索性的设计，用以描绘产品视觉风格的基本方向。

概念设计不关注细节，能表达出大概的意思和感觉即可，关键在于创意和想法而不是细节。该步骤的成果是设计草图，主要包含两个内容：一个是界面布局的规划，一个是界面元素外观的定义，还有就是界面组件材质的选择等。

### 3.6.3 视觉标准化设计

一般软件界面或是大型网站都是迭代设计的，页面复杂，为了保证多个设计师设计效果统一，会制定视觉规范。视觉规范主要涉及控件库构建、标准色值确定、图标/图像/Logo 等尺寸确定、通用性页面结构布局等。

### 3.6.4 完成视觉设计

在前面工作的基础上完善产品视觉设计细节，将各个组件组合到单个页面中，形成整体的视觉效果。

## 3.7 视觉设计的原则

### 3.7.1 明确传达主旨

优秀的 App 界面视觉设计首先能够非常明确地传达这个 App 的主旨，即这个 App 是用来干什么的。产品必须是一个优雅的整体，产品的设计必须是由内而外的统一、协调。因此，色彩、图案、形态、布局等的选择必须与 App 的功能、情感相呼应，务必做到一脉相承，及时传达 App 的概念。

### 3.7.2 有特点、吸引人

优秀的 App 界面视觉设计是有特点的、吸引人的，特别是在第一眼的时候。当然这必须先满足上面那一点，而不是单纯地为了博眼球、博出位。整个设计过程会是一场微妙的博弈与平衡，以达到一种有魅力的、素雅的、耐看的境界。

### 3.7.3 体谅用户

优秀的视觉设计师是能够体谅用户的。做的每个决定，都是从用户的角度出发的，而不是总是陷入无限的自我陶醉或者情怀当中。

### 3.7.4 精通多种风格

优秀的视觉设计师是熟悉精通多种风格的。用户是多样的，需求是多种的，流行是会随着时间变化的，App 的视觉有什么理由不做出必要的改变呢？

### 3.7.5 个人理念

优秀的视觉设计师是有自己的理念的。这种理念不会是狭隘的扁平化或者拟物化，这些只是表象的手段。这种理念应当是基于它是如何有益于用户的，又或者给用户带来什么样的好处，用户从中获得了什么样的启发，这种启发或许是生理上的，或许是情感上的。

## 3.8 交互设计和视觉设计的关系

视觉设计就是用户看到的产品外观，比如按钮如何设计，按钮上放什么样式的文字等。而交互设计更关心这些界面元素所表现的行为，比如点击按钮后会发生什么，是否可以通过产品界面元素放在不同位置的方法来引导特定的用户行为。

交互和视觉的分工：交互设计师在设计页面布局时，为了突出主次，会设计字体大小、间距、颜色等内容，但这不是最终效果。最终的字体、颜色、图片、图标、大小、间距等，由视觉设计师确定。交互设计师在设计流程跳转时，会设计过场动画，但这同样不是最终效果。最终效果由视觉设计师（或动画设计师）确定。

交互设计和视觉设计对人的要求不同，并且往往越往深入做，这两者所需的性格、背景和思维方式差别越大。可以简单地理解为，交互设计靠理性和逻辑驱动，而视觉设计靠感性驱动。这也是目前的交互设计师中理工学院的学生占了很大比例的原因。

交互和视觉其实是高度交叉的。一种错误的观点认为交互设计和视觉设计这两个角色的工作比较独立，各自负责各自的内容，交互不用管视觉，视觉不用管交互。其实交互和视觉，是高度交叉的两个领域，无法简单地分割。

首先，交互设计师一定要有很好的视觉设计感觉，因为一个页面布局的好坏，会直接影响视觉的发挥。如果交互设计师导出一个没主次、结构很糟糕的设计给视觉设计师，视觉设计师只有两种选择，一是降低自己的水平，随便做一个；二是自己动手，重新设计一个。

其次，交互设计会影响视觉设计，视觉设计也有可能反过来，让交互设计做修改。例如，在某产品视觉设计过程中发现窗口太小，如果要保证视频旁边不出现黑边，可能会留很大的空隙，如果布局满了，又会导致视频出现黑边。一种方式，是把底下的点赞、分享、评论移上来，放到右边，但这样的排版不太令人满意。况且这个页面最核心的目的是让用户看视频。为此该产品后来增加了通过列表进行选集的功能，虽然这样增加了开发的工作量，但是对用户来说，在当前页面可以直接导航到其他视频，使用体验感更好，也解决了看视频出现黑边的问题。

最后，交互设计师要时刻注意，自己是在同视觉设计师配合完成一个作品。交互设计的好坏，会影响视觉设计师的工作。

## 思考练习

1. 简述概念设计、行为设计和界面设计的关系。

2. 举例说明交互设计的十大原则。

3. 简述交互设计的流程。

4. 评价一下市场上比较流行的输入法软件产品，可以从用户界面、记住用户选择、短期刺激、长期使用的好处和坏处、不会让用户犯简单错误几个方面进行评价。

5. 简述视觉设计的流程。

6. 举例说明视觉设计的原则。

7. 简述交互设计和视觉设计的关系。

8. 使用软件 Axure 做交互设计和视觉设计的练习。

# 4 原型设计与测试

## 【思维导图】

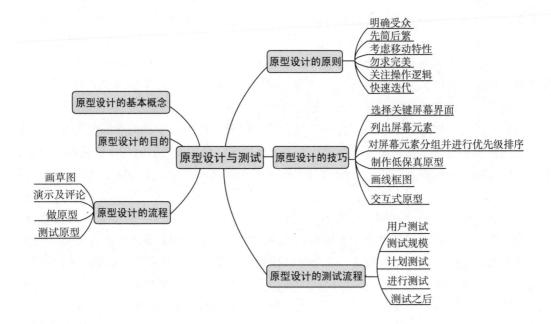

原型设计的原则
- 明确受众
- 先简后繁
- 考虑移动特性
- 勿求完美
- 关注操作逻辑
- 快速迭代

原型设计的基本概念

原型设计的目的

原型设计与测试

原型设计的技巧
- 选择关键屏幕界面
- 列出屏幕元素
- 对屏幕元素分组并进行优先级排序
- 制作低保真原型
- 画线框图
- 交互式原型

原型设计的流程
- 画草图
- 演示及评论
- 做原型
- 测试原型

原型设计的测试流程
- 用户测试
- 测试规模
- 计划测试
- 进行测试
- 测试之后

## 【学习要点】

1. 了解原型设计的目的。

2. 熟悉原型设计的流程和基本原则。

3. 掌握原型设计的技巧。

4. 了解原型设计的测试流程。

在互联网产品开发过程中，原型设计至关重要，是互联网产品设计过程中的重要环节，其原型设计和测试都不能忽视。设计出来的原型可以展示产品的视觉效果、功能和操作逻辑等，有利于相关各方准确评估将来正式产品是否满足需求，并进行修改。在原型上进行修改的成本要远低于正式开发完后再修改的成本。互联网产品开发不能急于求成，不能忽视原型设计阶段。许多产品在开发过程中想当然地以为已经完全把握住了需求，原型设计就敷衍了事，产品开发出来后才发现问题。

## 4.1 原型设计的基本概念

从理论上，原型是即将开发的互联网产品的部分展示或全部展示。简单来说，原型就是一种沟通工具，帮助开发方和用户在正式开发前进行沟通。仅仅借助需求文档，用户很难想象出实际产品是如何运行的，用户更愿意看到一个可视化的东西来了解产品可能的最终效果。通过原型，可以尽早地帮助设计人员、开发人员、用户和管理层对产品的需求达成共识，减少由于没有正确理解用户需求所带来的风险。原型没有固定的形式，可以是静态的，也可以是动态的；可以是简单的草图，也可以是产品功能的可视化展示。

即使已经按照需求分析的流程收集、确认了用户需求，但是在这些需求中还是会存在各种不确定性，设计人员、开发人员、用户和管理层都会或多或少地有各种不完全清晰的地方。如果不把这些问题解决，那么用户可能对未来的产品有不切实际的想法，有必要通过原型把这些问题解决在萌芽状态。

## 4.2 原型设计的目的①

（1）明确并完善需求。原型作为一种需求工具，它是对部分系统的初步实现，因为我们尚没有很好地了解该系统。用户对原型的评估可以指出需求中存在的问题，这样我们就可以在开发真正的产品之前，以低成本来解决这些问题。

（2）研究设计选择方案。原型作为一种设计工具，涉众可以用它研究不同的用户交互技术，优化系统的易用性，并评估可能的技术方案。原型能够通过有效的设计来演示需求的可行性。

（3）发展为最终产品。原型作为一种构造工具，是产品一个最初子集的完整功能实现，通过一系列小规模的开发周期，我们可以完成整个产品的开发。

建立原型的主要目的是解决在产品开发的早期阶段不能确定的一些问题。利用这些不确定性可以判断系统中哪些部分需要建立原型，以及我们希望从用户对原型的评估中获得什么信息。对于发现并解决需求中的二义性和不完整性，建立原型也是一种很好的方法。用户、管理人员和其他非技术涉众发现，当产品处于编写规格说明和设计阶段时，

---

① WIEGERS K E. 软件需求［M］.刘伟琴，刘洪涛，译.2版.北京：清华大学出版社，2004.

原型可以使他们更具体地思考问题。原型,尤其是直观的原型,比开发人员使用的技术术语更易于理解。

## 4.3　原型设计的流程①

开始做原型之前,先考虑清楚以下几个要素:

(1) 做这个原型的目的是什么?

(2) 这个原型的受众是谁?

(3) 这个原型有多大效率帮助我传达设计或测试设计?

(4) 有多少时间做原型?需要什么级别的保真程度?

原型设计流程如图 4-1 所示。

图 4-1　原型设计的流程

### 4.3.1　画草图

画草图的目的是提炼想法,并且最好给画草图加上一个时间限制,那就是 15 分钟。画草图要避免陷入审美细节,尽可能快速地导出想法才是关键。

### 4.3.2　演示及评论

演示及评论的目标是把一些想法拿出来跟大家分享,然后进一步完善想法。在演示过程中,设计者要做好记录,演示和评论的时间可以对半分。

### 4.3.3　做原型

在明确了想法之后,就可以开始进行原型设计了。这个阶段需要考虑很多细节,找出切实可行的方案,运用合适的原型来表达。

### 4.3.4　测试原型

测试原型的目标之一是让受众来检验产品是否达到了预期,因此可以请 5~6 位测试者,通过音视频捕捉等方式,看看产品原型是否被顺畅地使用。

---

① 粽小喵. 原型设计是什么,该怎么使用它? [EB/OL]. [2016-01-06]. https://www. woshipm. com/pd/261788. html.

## 4.4　原型设计的原则[①]

### 4.4.1　明确受众

实际上这里的明确受众是有两层含义的。第一，我们要明确整个应用程序的使用受众，这样才能更好地使用目标导向设计的方法来进行设计，了解用户使用应用程序时期望达到的目的，我们才能对整个设计的方向和细节有更好的把控。第二，我们要明确制作出来的原型的使用受众，如果受众是我们自己或设计团队的其他人员，那么低保真原型或精细度不高的高保真原型就可以满足团队成员间的讨论和交流了，但是如果受众是甲方或者应用程序的目标使用人群，那么就需要使用各方面都接近最终产品的高保真原型，这样才能让他们更加深入细致地了解产品的交互效果。因为制作原型的目的是用于可用性测试或展示设计方案，所以明确原型的使用受众会帮助我们节省更多的时间和精力，并且让我们在最短的时间内得到使用的反馈，快速地修改问题，推进设计工作。

### 4.4.2　先简后繁

好设计都是改出来的。我们无论是在最初构思应用程序的时候，还是在设计原型的时候，都不要贪多求全，应该先把最重要的几个功能做好，先推出一个简单的版本给目标用户使用，然后积攒了一定的用户量之后，再对用户提出的反馈进行分析和改进。就我们每天都在使用的微信而言，在最初的 1.0 版本中只有三个功能：发送消息、分享照片和设置头像，然后随着时间的推移和设计的迭代，又加入了语音对讲功能、摇一摇、红包、购物等一系列附加功能，在设计上不断地优化和改进，最终变成现在的样子，而且以后还会更加完善。因此从简单的核心功能出发，找到适合产品的定位是非常重要的。

### 4.4.3　考虑移动特性

移动互联网产品原型设计不同于其他终端产品原型设计，移动设备有很多固有的缺点，例如它的屏幕空间有限，文字输入效率较低，网络信号的强度易受到地理位置的影响，等等。但是移动设备同样有很多优势，例如各种传感器的应用、震动反馈、麦克风、闪光灯、指纹识别等。我们无论是在进行应用程序的创意构思还是在进行原型的设计，都要充分地考虑这些移动特性，使我们的设计在交互及使用方面区别于其他终端的产品设计。

### 4.4.4　勿求完美

产品原型在本质上是最终产品的简略版本，它能尽量接近产品的最终形态，但是无

① 韩凯迪. 移动互联网产品原型设计原则探析［J］.科技风，2017（5）：53.

法替代最终产品，因此原型在跳转或动效方面存在瑕疵是很正常的。我们的设计师在制作原型的时候往往容易陷入作品中去，每个部分都力求完美，想要和最终产品的使用效果一模一样。其实大可不必这样，我们只需根据受众判断原型的使用人群，能够完成可用性测试要求的一些任务就可以了，原型的本意就是要不完美。事实上，略显粗糙的原型往往能获得更好的反馈。

### 4.4.5　关注操作逻辑

设计师们在产品设计的中前期关注的往往是用户界面的元素布局或者信息架构，对于界面上的可操作元素及操作后出现的反馈效果则关注较少。实际上我们在使用原型进行可用性测试的时候，测试内容的一部分就是要统计用户完成任务的效率，那么操作逻辑是否达到最优，就决定了用户完成任务的快慢，因此我们在设计原型的时候也要关注整个应用程序的操作逻辑，尽量做到扁平化的信息架构。

### 4.4.6　快速迭代

在移动互联网产品的开发流程中，问题发现得越早，纠正问题就越容易，成本就越低，因为我们经过了很多次可用性测试，修改了设计方案，最终要把方案交给程序员来实现。在编程进行之前发现的问题越多，后期开发的时候修改的地方就越少。据估计，如果设计流程中的变化成本是10%，那么在开发流程中或产品发布后做出变化的成本会飙升至100%。经常对原型进行迭代，不仅能降低成本风险，还能节省不少的时间、精力和费用。

## 4.5　原型设计的技巧[①]

### 4.5.1　选择关键屏幕界面

如果您有时间和能力为应用程序的每个界面创建线框图，那肯定比较保险。但实际上，您只需要对最重要的界面进行原型制作，通常可以将许多界面标准化为单个线框图。

例如，Twitter 和 Facebook 在您的主页和其他人的个人资料上使用相似的界面，因此将为这两个界面中的每一个创建一个线框。这两个应用程序只需要大约四个对其成功至关重要的关键线框图：用户注册、主要提要、人物搜索和人物搜索结果界面。

如果您正在创建一个最小可行产品（Minimum Viable Product，MVP），您应该不需要超过五个关键界面。启动 MVP 后，您可以在构建单个重要功能时，为它们设计线框图。

---

① ZAMBONINI D. A practical guide to web app success [M]. Five Simple Steps，2011.

### 4.5.2　列出屏幕元素

接下来，列出屏幕上出现的所有视觉元素（文本、按钮、表单、图表、菜单）。如果只有您自己在工作，使用笔和纸就够了。

从最重要的屏幕开始，即用户将花费大部分时间的屏幕。我们很可能会跨屏幕重复使用许多设计元素，因此，如果您的应用有这样的设计元素的话，我们需要确保它们在设计时能够在主屏幕上发挥最佳功能。

包括默认情况下不显示任何的屏幕元素，例如警告、错误、替代状态和反馈。

以烹饪应用程序为例。为了便于讨论，假设在进一步考虑战略输出时，MVP 将仅包含一个特征：寻找替代食材。

尽管这是对原始概念的转变，但它以最少的功能吸引了尽可能多的受众。替代食材不仅吸引毫无准备的厨师，还吸引患有过敏症、糖尿病或其他健康问题的病人，以及因宗教或道德信仰影响饮食的人。

主搜索屏幕的屏幕元素可能是：

（1）搜索框；

（2）搜索错误的异常提醒；

（3）热门搜索；

（4）用户键入时自动匹配的搜索建议；

（5）食品类别搜索，例如素食、健康、乳糖不耐症；

（6）服务描述；

（7）添加替代食材的链接；

（8）最近的搜索；

（9）应用程序图标。

### 4.5.3　对屏幕元素分组并进行优先级排序

列表中的某些项目会自然合并到一起。将项目分组，并按从最重要到最不重要的顺序排列。

（1）搜索框、搜索错误的异常提醒、自动匹配的搜索建议；

（2）热门搜索、食品类别搜索、最近的搜索；

（3）应用程序图标、服务描述；

（4）添加替代食材的链接。

对于小型 MVP 应用程序来说，这应该是一个相当容易的任务。如果您的屏幕具有更高程度的复杂性，并且您最终需要对数十个元素进行分组和优先排序，那么执行简单的卡片分类可能是值得尝试的。将每个项目写在索引卡或便利贴上，要求团队成员将卡片分组，然后按重要性顺序进行排列，应该会出现一个共同的团体模式和优先事项。

### 4.5.4 制作低保真原型

接下来勾勒出每个组的轮廓。这些是关于界面每个部分外观的低保真表达，反映的是设计者的初步想法，因此不需要太精确。关键在于后期的迭代和更新。

这是一个创造性的过程，您可以为每组元素思考多个界面创意，所以不要担心第一次做不好。这些组也不是一成不变的，因此，如果您认为最近的搜索与搜索框的关系比与热门搜索的关系更密切，那么可以修改一下。这就是重点——尽早迭代和更新这些想法。

另外，不必担心元素之间的一致性：勾勒出界面的每个部分，不要对它们的相对大小或位置先入为主。

### 4.5.5 画线框图

现在把各个部分放在一起，记住每个组的优先级。在迭代的这个阶段，我们仍然不关心网格系统、颜色或排版的精确性。这是关于视觉评估页面上元素之间的平衡、优先级和交互。

笔和纸对于简单页面的初步评估很有用，但在这个阶段，我们关心的是重新排列和巧妙地调整元素块，因此使用替代工具通常更快。按照复杂程度的顺序，以下是一些替代工具。

1. 便利贴

在大小合适的便利贴上画出每个元素组，以便轻松重新排列特征。您甚至可以使用不同颜色的便利贴对相关块进行颜色编码。如果您需要调整其中一个元素的外观，您只需要重绘单个便笺而不是整个页面。

2. PowerPoint 或 Keynote

有人不喜欢在 PowerPoint 文件中做页面切换的设计，但演示软件可以成为快速绘制、分组和排列基本线框元素的有用工具。

3. Google 文档的绘图工具

Google 文档工具套件有一个专门的绘图应用程序。尽管它并不专门针对 Web 应用程序界面线框图，但如果您想在线框图上进行远程协作，它可能是一个有用的工具，因为多个用户可以同时在上面编辑绘图。

4. 专用 Web 应用程序

有许多 Web 应用程序旨在加速和改进界面线框图流程。Mockingbird 是不错的选择之一，而且很容易上手。作为 Firefox 的扩展，Pencil Project 也是个选择。

5. 专用桌面应用程序

Balsamiq Mockups 是一款非常优秀的线框图设计商用桌面产品。如果您已经拥有 Microsoft Visio 或 OmniGraffle，则可以使用它们提供的网络线框图模板来加快进程。尽量选择草图般的低保真原型，以在视觉上强化设计的未完成性，并防止您考虑过多的细节。

一般使用专用的线框图/模型工具，因为无论是 Web 应用程序还是桌面软件，它们内置的常见浏览器 GUI 元素库使该过程比用笔和纸更快。

### 4.5.6 交互式原型

最后，创建一个可供用户测试的原型界面。尽管这个界面可能会重复多次，但应添加可能影响用户体验的美学细节：颜色、网格对齐和排版。

可以使用 Photoshop、Fireworks 或任何其他图形设计软件来创建平面原型图像文件，但理想情况下，它最好具有交互性，这样就不需要用户在测试期间依赖口头描述，因为这可能影响用户的行为。

交互性不一定是真实的——它不需要与任何代码挂钩，但界面应该看起来像你期望的那样做出反应，即使反馈是通过硬编码实现的。

创建交互式原型的选项包括：

（1）将平面图像文件嵌入 HTML，以便用户可以单击界面的一部分而被带到相关的下一个界面。

（2）从 Fireworks 等软件导出切片和 HTML，以创建具有简单功能的 HTML 页面。

（3）如果您是一名快速编码人员，您可以利用 Blueprint CSS 和 IxEdit 等库和工具，使用 HTML、CSS 和 JavaScript 对原型界面进行手动编码。

（4）使用原型设计软件，如 Axure RP 或 Serena Prototype Composer。对于许多简单的 Web 应用程序来说，这可能是多余的。

（5）使用所见即所得的网页设计软件，如 Dreamweaver、Microsoft Expression Web 和 Adobe Muse，可快速创建原型界面。请记住，您不是在测试输出代码的质量，而只是在测试接口。

（6）市场上已经提供了大量原型设计的选择，如第十章要介绍的墨刀、Coolsite360 等工具，其特点是移动优先，对移动 App、微信小程序的设计都有很好的支持，后文将重点介绍。

## 4.6 原型设计的测试流程①

### 4.6.1 用户测试

用户测试为用户行为、界面可用性以及用户期望与 Web 应用程序功能之间的匹配提供了宝贵的洞察力。在原型阶段执行时，早期洞察力使我们能够：

（1）先发制人地识别并修复在需求中提出的功能和问题。

（2）识别并删除冗余功能以节省开发成本。

---

① ZAMBONINI D，A practical guide to Web App success［M］. Five Simple Steps，2011.

（3）优化用户体验，提高客户满意度、转化率和口碑营销。

（4）减少用户挫败感，从而降低大量客服成本。

用户测试也可以使用更多或更少的原型进行：它们是分析已经启动的应用程序的有用工具，甚至在针对竞争对手网站时，也是项目早期阶段的战略规划工具。

用户测试并不是特别复杂：要求适当的用户使用应用程序执行一些设定的任务，同时监控他们的行为和想法。然而，为了从测试中获得最大收益，花一点时间在计划和执行的细节上是值得的。

### 4.6.2　测试规模

在每轮测试会话中，用户最多只能在四十五分钟内完成五项任务，超过此时间，他们的反馈和行为可能会受到疲劳因素的影响。

如果在同一天进行多项测试，请尝试在两轮会话之间留出 20 到 30 分钟，让你和团队相关人员有时间对前一轮的测试情况进行讨论。

测试用户的数量将取决于应用程序的规模。对于 MVP 原型，测试用户之间的行为有很强的相关性，这使得大多数问题只能从一两个会话中提取出来。对于复杂的应用程序，测试对象更有可能提出独特的问题，随着测试用户数量的增加，收益递减。建议在收益递减显著之前，五个用户能提供最好的测试效果。

### 4.6.3　计划测试

1. 选择并检查测试任务

很难测试到整个应用程序，选择并检查测试最常用功能的任务以及您认为可能存在可用性问题的任务。一个好的任务描述更像是一个场景，而不是一个引导指令：

（1）寻找沙爹酱的替代食材。（不佳的任务描述）

（2）你有一个朋友今晚来吃晚饭，他对坚果过敏。如何相应地更新您的食谱。（很好的任务描述）

（3）如果您不想在错误和不可能完成的任务上浪费时间，请务必检查一遍自己的测试任务，以确保原型按预期工作和响应。

2. 选择指标

尽管您的大部分测试结果将包含特定的可用性问题和定性反馈，但记录定量指标以直接比较界面的连续迭代或不同的测试用户组很有用。

指标记录：

（1）完成率：用户是否成功完成了任务？

（2）完成时间：用户完成任务花了多长时间？

（3）完成步骤：用户完成任务需要访问多少页面/屏幕，或产生多少次点击？

（4）错误的数量和严重程度。

（5）用户满意度评分（满分五分）。

3. 选择用户

必须与相关用户一起进行测试。与一个讨厌烹饪并在大多数晚上都吃冷冻披萨的人一起测试烹饪应用程序是没有意义的。

根据早期的用户人格与市场调研来寻找目标用户：目标用户的人口统计和兴趣。招募的测试对象与方式如下：

（1）朋友、家人和业界相关联系人；

（2）您的网站/博客；

（3）社交媒体；

（4）公告栏、邮件列表和分类广告。

4. 确定薪酬

根据您所在市场的竞争和兴奋程度，您可能会发现测试对象不需要任何进一步的激励。如果您发现很难为您的测试招募人员，或者如果您想让他们对您的业务有良好的感觉，您可以考虑向参与者提供小额奖励：

（1）让他们提前或免费访问产品；

（2）现金；

（3）代金券；

（4）葡萄酒或巧克力。

5. 选择测试工具

有许多工具可以促进用户测试过程。

Feedback Army 要求随机用户回答您的特定任务问题，并提供基于文本的响应。如果您的应用程序针对普通人群，这可能会提供一些价值，但要获得真正的洞察力，还需要使用替代工具。

User Testing. com 稍微复杂一些。它会为您找到用户，录制用户完成任务的视频并将结果发送给您。它既便宜又容易操作，但有一个弊端，它主要根据人口统计数据来选择用户，因此，如果您想选择每周至少在家做饭五天并定期使用 IMDB 的用户，那么您依靠的是他们在自我选择测试时的诚实。此外，您不会在测试期间获得互动，来询问他们为什么要做某事或他们的期望是什么。

如果您需要远程测试以与您选择的用户交互，一个更好的选择是组合使用屏幕共享和屏幕录制软件。Adobe ConnectNow 和 Skype 提供强大的屏幕共享软件，iShowU（Mac）和 Camtasia Studio（Windows）提供屏幕录制功能，以及许多替代工具。

更好的测试方式是，亲自进行测试去全面了解用户反应的细微差别。要录制会议，您需要一个网络摄像头（或内置笔记本电脑摄像头）和一个便宜的 USB 麦克风——不要把预算花在任何昂贵的东西上。然后，使用 Morae（Windows）或出色的 Silverback（Mac）等软件来记录和回放测试会话和用户反应。

## 4.6.4　进行测试

在测试当天，将一切设备准备好，欢迎参与者并感谢他们花时间参与测试。

想让他们感到轻松和放松，就让测试尽可能自然地进行。提前给他们支付酬劳，让他们知道奖励不取决于正确的测试结果。向他们解释他们将要做什么以及测试的对象是应用程序，而不是他们。告诉他们尽力而为就好，不要担心错误或出错。

让他们签署一份简单的授权书，允许您记录和使用本次测试会话结果，但也明确保护参与者的隐私并防止向外界发布或共享记录。

最重要的是，鼓励用户大声讨论，不要害怕说太多。为了营造单独使用该应用程序的环境，主持人必须要交代清楚，但不回答关于如何使用本程序做某事的问题。

作为会议的主持人，您有责任保持客观，认真倾听。首先设置一个简单的任务，让参与者感到舒适。切勿通过提出引导性问题来引出你想听到的回答。相反，给予鼓励、不置可否的反馈，只有给他们足够的时间自我纠正，才能将参与者从错误的路径中解救出来。

如果您需要参与者解释他们的行为或反应，请不要在您的问题中包含任何意见。合适的问法如下：

"你能描述一下你现在在做什么吗?"

"你现在在想什么?"

"这是你预期的结果吗?"

### 4.6.5 测试之后

当时间到或任务完成时，一定要再次感谢参与者。这些测试用户可能会成为您的第一批口碑传播者，尤其是他们确实是您产品的目标用户。在测试后，您可以要求参与者完成一个简短的应用满意度评级。

一旦参与者提出问题和见解，立即做笔记捕捉。最好把测试中参与者所有的想法都写下来，即使有些想法看起来微不足道：您可以稍后将它们过滤掉。

完成所有测试会话后，查看结果，梳理出高优先级和常见问题，并尽快实施相关更改。

## 思考练习

1. 原型设计在需求捕捉环节中有什么重要的作用？

2. 简述原型设计与商业计划的区别和联系。

3. 检索原型设计的相关软件，详细对比它们的区别，并陈述各自的适用范围。

# 5　项目管理

## 【思维导图】

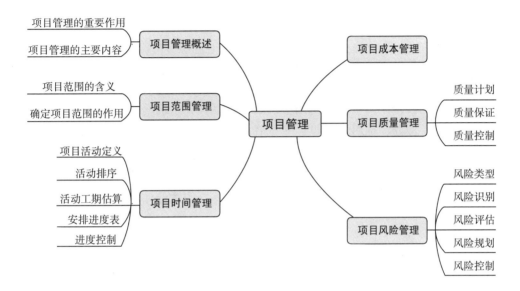

## 【学习要点】

1. 了解项目管理的重要作用。

2. 了解项目管理的主要内容。

3. 结合实际案例，掌握项目管理中五大管理方面的内容。

## 5.1  项目管理概述

项目管理（PM）就是项目的管理者在有限的资源约束下，运用系统的观点、方法和理论，对项目涉及的全部工作进行有效的管理。软件项目管理是一种科学的管理手段，它是为了使软件项目能够按照预定的成本、进度、质量顺利完成，而对成本、人员、进度、质量、风险等进行分析和管理的活动。

### 5.1.1  项目管理的重要作用

项目管理在软件开发过程中至关重要，可以确保项目按时、按质完成。若开发人员不按设计文档写代码，写代码时也不加注释，后期即使是写代码的本人也很可能无法看懂这些代码，更何况是团队中的其他同事。这非常不利于系统的维护，也严重影响代码质量和开发效率。因此，项目管理非常重要和必要。

随着软件功能和需求越来越复杂，项目越来越大，仅靠单个程序员开发一个系统的模式已不可行。开发一个软件产品所需的技术越来越复杂，单个程序员已很难成为全栈开发人员。因此，现在绝大部分软件产品需要靠团队合作才能完成。这就需要通过项目管理，完成团队之间的协调。

网上流传甚广的一段话说明了项目管理的重要性："一般认为赌博是在冒险。拉斯维加斯老虎机的设计者将老虎机的最大赔付率定为97%，即你花一天时间，往老虎机里塞进100元，最多只能赢回97元。但是，如果比起软件开发所冒的险，拉斯维加斯的老虎机简直可以称为'安全的冒险'了。软件项目所面临的不断变换的用户需求、糟糕的计划与估算、不可信赖的承包人、欠缺的管理经验、人员问题、伤筋动骨的技术失败、性能欠佳……不胜枚举的风险，使大型项目按时完成的概率几乎为0，大型项目被取消的概率和赌博一样成败参半。"因此，非常有必要通过项目管理来降低软件项目的风险。

### 5.1.2  项目管理的主要内容

从软件工程角度看，软件产品的开发一般包含六个阶段：需求分析阶段、概要设计阶段、详细设计阶段、编码阶段、测试阶段、安装及维护阶段。无论项目大小，为了保证项目顺利完成，都应该完整走完这六个阶段。从用户角度看，软件产品的开发一般包括开始项目、组织与准备、执行项目工作、结束项目。若要有效完成软件产品的开发，项目管理的对象除了通常所说的具体开发过程之外，也要涵盖具体开发前的准备工作和开发完成后的维护工作，可见项目管理应该是一个完整的、长期的工作。和社会上其他工程项目一样，管理在软件工程项目中同样具有重要的地位和作用，要始终贯穿于整个软件生命周期。在软件开发过程中，应该理论联系实际，具体问题具体分析，注意把握项目管理中的关键因素，才能进行有效的管理，才能使软件项目获得成功。项目管理通过合理运用与整合特定项目所需的项目管理过程得以实现①。项目管理的主要内容如图5－1所示。

图 5－1　项目管理的主要内容

## 5.2　项目范围管理②

在实际软件开发时，常常遇到一个项目经过很长时间的开发，离结束往往还是遥遥无期。需求不断变更和新增，不断要开发新功能，项目延期将产生非常高的后续成本。这样的项目一拖再拖，最后把整个团队拖入泥潭。这种情形的项目失败的主要原因是在项目开始后的前期没有明确需求边界，没有界定清楚项目范围。

项目范围包括项目的最终产品或者服务，以及实现该产品或者服务所需要执行的全部工作。明确规定项目的范畴，即确定项目的哪些方面是应该做的，哪些方面是不应该做的。也可以说是产生项目产品所包括的所有工作及产生这些产品的过程。确定项目范围是项目起始阶段的战略工作之一，项目精益管理的战略思想是杜绝无价值活动。项目范围管理的精益原则是 JIT（Just In Time）原则、系统化原则、无缝化原则、专注于项目的使命、简化和变"成批移动"为"单件流动"。

### 5.2.1　项目范围的含义

在项目中，"范围"（Scope）一词的含义有如下两个方面：一是产品规范，即一个产品或一项服务应该包含哪些特征和功能，以及这些特征和功能具体是怎样的；二是工作范围，即为了交付具有所指特征和功能的产品所必须要做的工作。简单地说就是项目

————————————

①　项目管理协会. 项目管理知识体系指南（PMBOK 指南）［M］. Pennsylvania：Project Management Institute，2017.

②　于庆东，吕建中. 项目范围管理的精益原则［J］. 企业经济，2005（1）：21－22.

是做什么的，如何做才能交付该产品。产品规范就是对产品要求的度量，工作范围在一定程度上是产生项目计划的基础。项目的产品规范和工作范围应高度一致，以保证项目最终能够交付满足特定要求的产品。工作范围以产品范围为基础，工作范围的确定是一个由一般到具体、层层深入的过程。

产品本身包含一系列要素，有其各自的组成部分，每个组成部分又有其各自独立的范围，即使一个项目只是一个单一产品也不例外。例如，一个新的电话系统可能包含四个组成部分——硬件、软件、培训及安装施工，其中，硬件和软件是具体产品，培训和安装施工则是服务，具体产品和服务形成了新的电话系统这一产品的整体。

如果项目是为顾客开发一个新的电话系统，那么要确定这个项目的工作范围，首先就要确定这个新的电话系统应具备哪些功能，然后具体定义系统各组成部分的功能和服务要求，再明确项目需要做些什么工作才能达到这些功能和特征。确定了项目范围也就定义了项目的工作边界，明确了项目的目标和主要的项目可交付成果。项目的可交付成果往往又被划分为较小的、更易管理的不同组成部分。

确定项目范围，其结果需要编写正式的项目范围说明书，并以此作为将来项目决策的基础。有些项目管理教科书或项目管理手册把确定项目目标与确定项目范围结合起来形成一个文件，叫作项目参考条款（Term of Reference，TOR）。项目参考条款包括项目目标、定义项目所应交付的产品（包括中间产品和最终产品）、项目的基本内容等。随着项目的进展，这份文件可能需要修改或细化，以反映这些界限的变化。

项目范围说明书应该包括以下三个方面的内容：

（1）项目的合理性说明：解释为什么要进行这一项目；

（2）项目目标；

（3）项目可交付成果。

### 5.2.2　确定项目范围的作用

确定项目范围对项目管理来说有三个方面的作用：一是可提高项目费用、项目时间和项目资源估算的准确性，二是提供项目进度衡量和控制的基准，三是有助于清楚地分派责任。

1. 可提高项目费用、项目时间和项目资源估算的准确性

项目的工作边界定义清楚了，项目的具体工作内容明确了，这就为准确估算项目所需的费用、时间、资源打下了基础。如果项目的具体工作内容不明确，项目的费用、时间和所需资源就不明确，项目完成的不确定因素就大大增加，项目会面临极大的风险。

2. 提供项目进度衡量和控制的基准

项目计划是项目组织根据项目的费用、时间、资源等约束条件，根据科学统筹做出的进度安排，并同时给出项目进度的衡量标准，以及需要进行控制的阈值等。

3. 有助于清楚地分派责任

项目任务的分派需要明确项目包括哪些具体内容，项目具体有哪些要求，完成的产

品应达到什么水准等内容，也就要明确项目范围，即确定项目的具体工作任务，这为清楚地分派任务提供了必要的条件。

## 5.3　项目时间管理[①]

"按时、保质、保量地完成项目"大概是每一位项目经理最希望做到的，但工期拖延的情况时常发生。因而合理地安排项目时间是项目管理中一项关键的内容，它的目的是保证按时完成项目、合理分配资源、发挥最佳工作效率。它的主要工作包括定义项目活动或任务、活动排序、每项活动的合理工期估算、制订完整的项目进度计划、资源共享分配、监控项目进度等内容。

时间管理工作开始以前应该先完成项目管理工作中的范围管理部分。如果只图节省时间而忽略这些前期工作，后面的工作必然会走弯路，反而会耽误时间。项目一开始首先要有明确的项目目标、可交付产品的范围定义文档和项目的工作分解结构（WBS）。因为一些是明显的、项目所必须做的工作，而另一些则具有一定的隐蔽性，所以要以经验为基础，列出完成项目必做的工作，同时要有专家审定过程，以此为基础才能制订出可行的项目时间计划，进行合理的时间管理。

项目时间管理由以下五个过程构成，如图 5-2 所示。

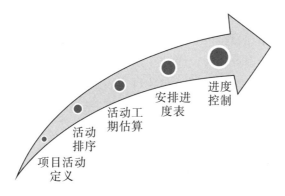

**图 5-2　项目时间管理构成**

### 5.3.1　项目活动定义

将项目工作分解为更小、更易管理的工作包（即活动或任务），这些小的活动应该是能够保障完成交付产品的可实施的详细任务。在项目实施中，要将所有活动列成一个明确的活动清单，并且让项目团队的每一个成员能够清楚有多少工作需要处理。活动清

---

① 中国新闻网. 浅析计算机信息系统集成项目中三方面的管理［EB/OL］.［2011-02-16］. https：//business. sohu. com/20110216/n279375375. shtml.

单应该采取文档形式，以便项目其他过程的使用和管理。当然，随着项目活动分解的深入和细化，工作分解结构可能会需要修改，这也会影响项目的其他部分。例如成本估算，在更详尽地考虑了活动后，成本可能会有所增加，因此完成活动定义后，要更新项目工作分解结构上的内容。

### 5.3.2 活动排序

在产品描述、活动清单的基础上，要找出项目活动之间的依赖关系和特殊领域的依赖关系、工作顺序，既要考虑团队内部希望的特殊顺序和优先逻辑关系，也要考虑内部与外部、外部与外部的各种依赖关系以及为完成项目所要做的一些相关工作，例如在最终的硬件环境中进行软件测试等工作。

设立项目里程碑是排序工作中很重要的一部分。里程碑是项目中关键的事件及关键的目标时间，是项目成功的重要因素。里程碑事件是确保完成项目需求的活动序列中不可或缺的一部分。比如在开发项目中可以将需求的最终确认、产品移交等关键任务作为项目的里程碑。

在进行项目活动关系的定义时一般采用优先图示法、箭线图示法、条件图示法、网络模板这四种方法，最终形成一套项目网络图。其中比较常用的方法是优先图示法，也称为单代号网络图法。

### 5.3.3 活动工期估算

活动工期估算是根据项目范围、资源状况计划列出项目活动所需要的工期。估算的工期应该现实、有效并能保证质量。因此在估算工期时要充分考虑活动清单、合理的资源需求、人员的能力因素以及环境因素对项目工期的影响。在对每项活动的工期估算中应充分考虑风险因素对工期的影响。活动工期估算完成后，可以得到量化的工期估算数据，将其文档化，同时完善并更新活动清单。

### 5.3.4 安排进度表

项目的进度计划意味着明确定义项目活动的开始和结束日期，这是一个反复确认的过程。进度表的确定应根据项目网络图、估算的活动工期、资源需求、资源共享情况、项目执行的工作日历、进度限制、最早和最晚时间、风险管理计划、活动特征等统一考虑。

进度限制即根据活动排序考虑如何定义活动之间的进度关系。一般有两种形式：一种是加强日期形式，以活动之间前后关系限制活动的进度，如一项活动不早于某活动的开始或不晚于某活动的结束；另一种是关键事件或主要里程碑形式，以被定义为里程碑的事件作为要求的时间进度的决定性因素，制订相应时间计划。

在制定项目进度表时，先以数学分析的方法计算每个活动最早开始和结束日期与最迟开始和结束日期，得出时间进度网络图，再通过资源因素、活动时间和可冗余因素调整活动时间，最终形成最佳活动进度表。

关键路径法（Critical Path Method，CPM）是时间管理中很实用的一种方法，其工作原理是：为每个最小任务单位计算工期，定义最早开始和结束日期、最迟开始和结束日期，按照活动的关系形成顺序的网络逻辑图，找出必需的最长路径，即为关键路径。

时间压缩是指针对关键路径进行优化，结合成本因素、资源因素、工作时间因素、活动的可行进度因素对整个计划进行调整，直到关键路径所用的时间不能再压缩为止，得到最佳时间进度计划。

### 5.3.5  进度控制

进度控制主要是监督进度的执行状况，及时发现和纠正偏差、错误。在控制中要考虑影响项目进度变化的因素、项目进度变更对其他部分的影响因素、进度表变更时应采取的实际措施。

## 5.4  项目成本管理[①]

项目成本管理的目的是确保项目实际花费的成本不超过项目预算，成本管理主要由成本估算、成本预算、成本控制三个过程构成（见图 5-3）。

**图 5-3  项目成本管理**

成本估算是指对完成项目所必需的各种资源的成本做出近似的估算。编制成本估算需要进行三个主要步骤。首先，识别并分析项目成本的构成科目。其次，估算每个科目的成本大小。最后，分析成本估算的结果，找出可以互相替代的成本，并进一步协调各部分成本之间的比例。

软件成本估算的工具和技术主要有类比估算法、自下而上估算法、确定资源费率、项目管理软件、卖方投标分析、准备金分析和质量成本。

---

① 柳纯录. 信息系统项目管理师教程［M］. 2 版. 北京：清华大学出版社，2010.

## 1. 类比估算法

类比估算法又称为"自上而下估算法",根据历史类似项目,会同相关专家对当前项目的总成本进行估算,然后向下一层管理人员进行传递。

## 2. 自下而上估算法

自下而上估算法也叫工料清单法。将项目工作进行分解,计算出每个工作的单位成本,再将各单位成本由下而上进行累加,形成总成本。

## 3. 确定资源费率

估算单价的个人和准备资源的小组必须清楚了解资源的单价,然后对项目活动进行估计。在执行合同项目的情况下,标准单价也可以写入合同中。

## 4. 项目管理软件

利用计算机工具,如:项目管理软件,可以通过直接输入项目成本的有关数据或者自定义项目成本函数,非常方便快捷地得到项目成本的估算结果。

## 5. 卖方投标分析

卖方投标分析和项目所需成本分析。如果项目是通过竞争赢取到的,附加成本估算的工作可能需要项目团队依照总的项目成本来检查个人交付物的价格。

## 6. 准备金分析

在成本估算中常加入准备金,这是由项目经理自由使用的估算费用,用来处理预期但不确定的事件,这些事件被称为"已知的未知事件",是项目范围和成本基准的一部分。

## 7. 质量成本

在成本估算中,质量成本是必须考虑的因素。

## 5.5 项目质量管理[①]

成功的项目管理是在约定的时间和范围、预算的成本以及要求的质量下,达到项目干系人的期望。能否成功地管理一个项目,项目质量的好坏非常重要。质量管理是项目管理的重要方面之一,它与范围、成本和时间都是项目成功的关键因素。项目质量管理包括三个过程:质量计划、质量保证、质量控制。

### 5.5.1 质量计划

质量计划包括识别与该项目相关的质量标准以及确定如何满足这些标准,因此质量计划首先由识别相关的质量标准开始,通过参照或者依据实施项目组织的质量策略、项目范围说明书、产品说明书等,识别出与项目相关的所有质量标准,而达到或者超过项目的客户以及其他项目干系人的期望和要求。

---

① 柳纯录. 信息系统项目管理师教程 [M]. 2 版. 北京:清华大学出版社,2010.

1. 质量计划的输入要素

项目章程、项目管理计划、项目范围说明书、组织过程资产、环境和组织因素。

2. 质量计划制订的方法和技术

（1）成本/效益分析：在质量计划的过程中，我们必须权衡成本与效益之间的关系。效益是指项目的各项工作做得好，能满足项目的质量要求，其主要目标是减少返工，提高生产率，降低项目的成本，提高项目各干系人的满意程度。而符合质量要求的根本好处在于降低返工率，这意味着较高的生产率、较低的成本和较高的项目干系人满意度。

（2）基准分析：将实际实施过程中或计划之中的项目做法同其他类似项目的实际做法进行比较，通过比较来改善与提高目前项目的质量管理，以达到项目预期的质量或其他目标。

（3）实验设计：一种统计分析技术，可用来帮助人们识别并找出哪些变量对项目结果的影响最大。该技术主要用于项目产品或服务问题，适当设计的实验，能根据初级和高级工程师的不同组合计算各自的项目成本和工期，能从有限的几种相关情况中决定最佳的方案。类似地，汽车设计师用这种技术来决定轮胎的何种悬挂方式能满足最理想性价比。

（4）质量成本：为了达到产品或服务质量而进行的全部工作所发生的所有成本。质量成本包括为确保与要求一致而做的所有工作成本，即一致成本，以及由于不符合要求所引起的全部工作成本，即不一致成本。

3. 质量计划的输出

依据项目的质量策略、项目的范围说明书、产品说明书以及相关标准和规则等，用成本/效益分析、基准比较法等工具和方法得到的质量规划的结果包括质量管理计划、质量度量、质量检查单、过程改进计划等。

（1）质量管理计划：质量管理计划应该描述项目管理团队怎样建立它的质量策略。用 ISO9000 国际质量体系的术语讲，质量管理计划应当描述项目质量体系即组织结构、职责、程序、工作过程以及建立质量管理所需要的资源。

质量管理计划是整个项目管理计划的一部分，它描述了项目的质量策略，并为项目提出质量控制、质量保证、质量提高和项目持续过程改进方面的措施。它还提供质量保证行为，包括设计评审和质量核查。

（2）质量度量指标：质量度量指标应用于质量保证和质量控制过程中。

为了进行质量度量，必须事先进行操作定义。操作定义用非常专业化的术语来描述各项操作规程，以及如何通过质量控制程序对它们进行检测。例如，项目管理团队仅仅把满足计划进度要求作为管理质量检测标准是不够的，还应该指出是否每项工作都应该准时开始，抑或只要准时结束即可；是要检测单个活动，抑或仅仅对特定的项目交付物进行检测。

例如，在一个网络实施项目的质量计划中，针对网络中的 2 台骨干路由器在中心网络机房的安装和配置，首先给出一个说明，要求按照设备操作说明，把设备组装、固定到设备机柜上，并予以加电检测测试，然后按照项目设计方案配置设备并且调试；定义一系列的质量检查控制过程以确保该活动的质量符合质量要求。

针对工作结果进行检查过程，核实交付产品是否符合要求。

IT项目中影响质量的指标包括功能性、系统输出、性能、可靠性和可维护性。

（3）质量检查单：质量检查单是一种组织管理手段，通常是工业或者专门活动中的管理手段，用以证明需要执行的一系列步骤已经得到贯彻实施，在系统集成行业就是常用的测试手册。质量检查单可以很简单，也可以很复杂。常用的语句有命令式的"完成工作"或者询问式的"是否完成这项工作"。许多组织提供标准化的质量检查单，以确保对常规工作的要求保持前后一致。在某些应用领域中，质量检查单还会由专业协会或者商业服务机构提供。

（4）过程改进计划：过程改进计划是项目管理计划的补充。过程改进计划详细描述了分析过程，可以很容易辨别浪费时间和无价值的活动，可以增加对客户的价值，例如：过程边界——描述目的、过程的开始和结束、过程的输入和输出以及需要的数据，可能会涉及过程负责人或项目干系人；过程配置——用于使接口分析更容易的一个过程流程图；过程度量标准——保持对过程状态的控制；绩效改进的目标——目标指导过程改进的活动。

## 5.5.2　质量保证

制订一项质量计划确保一个项目的质量是一回事，确保实际交付高质量的产品和服务则是另一回事。质量保证是一项管理职能，包括所有为保证项目能够满足相关的质量标准而建立的有计划的、系统的活动，质量保证应该贯穿于整个项目生命期。质量保证一般由质量保证部门或者类似的相关部门完成。项目经理和相关质量部门做好质量保证工作，可以对项目质量产生非常重要的影响。

1. 质量保证的输入

质量管理计划、质量度量标准、过程改进计划、工作绩效信息、变更请求、质量控制请求。

2. 质量保证的工具和方法

为了确保质量保证管理过程的质量，也要采取与产品的质量保证相类似的步骤，也就是说要有一套完善的项目管理程序。这套程序要清晰地指明项目怎样管理好满足项目要求的资源，以及是怎样从基于历史经验的标准中得出的。这些经验可能是公司自己在内部实际工作中得出的经验，也可能是从外部成功的实践中得出的标准。

执行质量保证的主要工具和技术如下：

（1）质量计划工具和技术。

质量计划的工具和方法包括成本/效益分析、基准比较法、实验设计以及质量成本等方法。

（2）质量审计。

质量审计是对其他质量管理活动的结构性审查，是决定一个项目质量活动是否符合组织政策、过程和程序的独立评估。质量审计的主要目的是通过对其他质量管理活动的审查来得出一些经验教训，从而提高该项目以及实施项目的组织内的其他项目的质量。纠正措施可降低质量成本，提高用户对产品的满意度。质量审计可以是有计划的或者是随机的，可以由训练有素的内部审计师进行，或者由第三方如质量体系注册代理人进行。质量审计常常由行业专家执行，他们通常为一个项目定义特定的质量尺度，并在整个项目过程中运用和分析这些质量尺度。

　　（3）过程分析。

　　过程分析遵循过程改进计划的步骤，从一个组织或技术的立场上来识别需要的改进。这个分析也检查了执行过程中经历的问题、约束和无附加价值的活动。过程分析是非常有效的质量保证方法，通过采用价值分析、作业成本分析及流程分析等分析方法，质量保证的作用将大大提高。

　　（4）基准分析。

　　不断维护项目基准的可用性，是质量保证的诉求，同时也是质量保证方法。这一在质量规划中应用的技术也可以用于质量保证以及质量审计。

　　3. 质量保证的输出

　　质量改进包括达到以下目的的各种行动：请求的变更、建议的纠正措施、组织过程资产的更新、项目管理计划的更新。

### 5.5.3　质量控制

　　质量控制（QC）就是项目管理组的人员采取有效措施，监督项目的具体实施结果，判断它们是否符合有关的项目质量标准，并确定消除不良结果的途径。也就是说，进行质量控制是确保项目质量得以圆满实现的过程。质量控制应贯穿于项目执行的全过程。

　　项目质量控制活动一般包括保证由内部或外部机构进行监测管理的一致性，发现与质量标准的差异，消除产品或服务过程中导致性能不能被满足的因素，审查质量标准以确定可达到的目标及成本/效益问题，并且需要时还可以修订项目的质量标准或项目的具体目标。

　　1. 质量控制的输入

　　质量管理计划、质量度量标准、质量检查表、组织过程资产、工作绩效信息、变更请求。

　　2. 质量控制的方法和技术

　　（1）检查：检查包括测量、测试和检查。

　　（2）控制图：用于决定一个过程是否稳定或者可执行，是反映生产程序随时间变化而发生的质量变动的状态图形，是对过程结果在时间坐标上的一种图线表示法。

　　（3）帕累托图：帕累托图（Pareto）来自帕累托定律，该定律认为绝大多数的问题或缺陷产生于相有限的起因。就是常说的80/20定律，即20%的原因造成80%的问题。

　　（4）统计抽样：统计抽样是项目质量管理中的一个重要概念。项目团队中主要负责质量控制的成员必须对统计有深刻的理解。其他团队成员仅需理解一些基本概念，这些概念包括统计抽样、可信度因子、标准差和变异性。标准差和变异性是理解质量控制图的基本概念。

（5）流程图：用于显示系统中各要素之间的关系，其主要目的是确定问题并分析原因。

（6）趋势分析：趋势分析涉及根据历史结果，利用数学技术预测未来的成果，可用来跟踪一段时间内变量的变化。趋势分析经常用于监控。

3. 质量控制的输出

（1）建议的纠正措施：常见的有返工和修复。

（2）建议的预防措施：采取一些措施来预防在制造和开发过程中某些指标可能超出规定的参数值的情况，这些超出情况会通过质量控制度量被发现。

（3）请求的变更：如果建议的纠正和预防措施需要对项目进行变更，则这些被请求的变更应该按变更担制过程的要求来操作。

（4）建议的缺陷修复：不符合要求或规定的缺陷需要修复或替换。质量缺陷由质量控制部或类似的部门识别并提出。项目组应该采取合理的措施修复缺陷，从而将引起缺陷的因素降低到最小。

（5）已确认的缺陷修复：被修复的要素被重新检查时，结果可能是被接受或被拒绝。被拒绝的要素可能需要进行再次的缺陷修复。

（6）项目管理计划（更新）：项目管理计划需要更新，以反映质量控制管理带来的变化。项目管理计划中变更需求（附加的和修正的）需要通过完整的变化控制过程进行管理。

（7）质量控制度量：质量控制度量代表了质量控制活动的结果，这些结果由 QA 反馈，以重新估量和分析执行组织的质量水平和过程。

# 5.6　项目风险管理[①]

项目是在复杂的自然和社会环境中进行的，受众多因素的影响。项目的过程和结果常常出乎人们的意料，有时不但未达到项目主体预期的目的，反而使其蒙受各种各样的损失；而有时又会给项目主体带来很好的机会。项目同其他经济活动一样带有风险，要避免和减少损失，将威胁化为机会。在项目的进行过程中，需要不断地进行风险识别、风险评估、风险规划和风险控制，如图 5-4 所示。

---

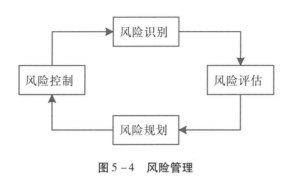

图 5 - 4　风险管理

## 5.6.1　风险类型

为了深入、全面地认识项目风险，并有针对性地进行管理，有必要将风险分类。分类可以从不同的角度、根据不同的标准进行。

1. 按风险后果划分

按照风险后果的不同，风险可划分为纯粹风险和投机风险。

（1）纯粹风险：不能带来机会、无获得利益可能的风险，叫纯粹风险。纯粹风险只有两种可能的后果：造成损失和不造成损失。纯粹风险造成的损失是绝对的损失。

（2）投机风险：既可能带来机会、获得利益，又隐含威胁、造成损失的风险，叫投机风险。投机风险有三种可能的后果：造成损失、不造成损失和获得利益。投机风险如果使活动主体蒙受了损失，但全社会不一定也跟着受损。相反，其他人有可能因此而获得利益。

2. 按风险来源划分

按照风险来源或损失产生的原因，风险可划分为自然风险和人为风险。

（1）自然风险：由于自然力的作用，造成财产毁损或人员伤亡的风险属于自然风险，如水利工程施工过程中，因发生洪水或地震而造成的工程损害、材料和器材损失。

（2）人为风险：人为风险是指由于人的活动而带来的风险。人为风险又可以细分为行为风险、经济风险、技术风险、政治风险和组织风险等。

3. 按风险是否可管理划分

可管理的风险是指可以预测，并可采取相应措施加以控制的风险，反之，则为不可管理的风险。风险能否管理，取决于风险不确定性是否可以消除以及活动主体的管理水平。要消除风险的不确定性，就必须掌握有关的数据、资料和其他信息。随着数据、资料和其他信息的增加以及活动主体管理水平的提高，有些不可管理的风险可以变为可管理的风险。

4. 按风险影响范围划分

风险按影响范围划分，可以分为局部风险和总体风险。局部风险影响的范围小，而总体风险影响的范围大。局部风险和总体风险是相对的。项目管理团队要特别注意总体风险。

5．按风险后果的承担者划分

项目风险，若按其后果的承担者来划分，有项目业主风险、政府风险、承包商风险、投资方风险、设计单位风险、监理单位风险、供应商风险、担保方风险和保险公司风险等。

6．按风险的可预测性划分

按可预测性划分，风险可以分为已知风险、可预测风险和不可预测风险。

（1）已知风险：在认真、严格地分析项目及其计划之后就能够明确的那些经常发生的，而且其后果亦可预见的风险。已知风险发生概率高，但一般后果轻微，不严重。

（2）可预测风险：根据经验，可以预见其发生，但不可预见其后果的风险。这类风险的后果有时可能相当严重。

（3）不可预测风险：有可能发生，但即使最有经验的人亦不能预见的风险。不可预测风险有时也称未知风险或未识别的风险。它们是新的、以前未观察到或很晚才显现出来的风险。这些风险一般是外部因素作用的结果。

## 5.6.2　风险识别

风险识别是确定何种风险可能会对项目产生影响，并将这些风险的特征形成文档。由于在项目的进展中很可能再发现新的风险，因此风险识别是一个不断重复的过程。项目风险识别是一项贯穿于项目全过程的项目风险管理工作。这项工作的目标是识别和确定出项目究竟有哪些风险，这些项目风险究竟有哪些基本的特性，这些项目风险可能会影响项目的哪些方面。

项目风险识别还应该识别和确认项目风险是属于项目内部因素造成的风险，还是属于项目外部因素造成的风险。项目风险识别的主要内容包括以下几个方面：

1．识别并确定项目有哪些潜在的风险

因为只有首先确定项目可能会遇到哪些风险，才能够进一步分析这些风险的性质和后果。所以在项目风险识别工作中，首先要全面分析项目的各种影响因素，从而找出项目可能存在的各种风险，并整理汇总成项目风险清单。

2．识别引起这些风险的主要因素

因为只有识别清楚各个项目风险的主要影响因素，才能够把握项目风险发展变化的规律，才能够度量项目风险的可能性与后果的大小，从而才有可能对项目风险进行应对和控制。所以在项目风险识别活动中，要根据项目风险清单，全面分析各个项目风险的主要影响因素，这些因素对于项目风险的发生和发展的影响方式、影响方向、影响力度等一系列的问题，并运用各种方式将这些项目风险的主要因素同项目风险的相互关系描述和说明清楚。

3．识别项目风险可能引起的后果

在识别出项目风险和项目风险的主要影响因素以后，还必须全面分析项目风险可能带来的后果和这种后果的严重程度。项目风险识别的根本目的是缩小和消除项目风险可能带来的不利后果，争取和扩大项目风险可能带来的有利后果。项目风险识别还必须识别和界定项目风险可能带来的各种后果。

### 5.6.3　风险评估

风险评估是风险管理中明确问题的阶段。在这个阶段，我们用事件发生的概率及结果（有时还用持续时间等因素）来识别、分析、量化项目中的风险，其工作成果对后续的风险管理工作来说是一个关键部分，它是风险管理过程中最艰苦、耗时最长的一个阶段，并且无任何捷径可走。评估者可采用某些工具来帮助评估，但没有一种工具可以完全适用于任何项目。若评估者对评估工具使用不当（不会使用或无法传达结果），则会误导评估过程。尽管极为复杂，但评估过程仍是风险管理中最为重要的阶段之一，因为评估的水平和质量会给项目的结果造成极大影响。

评估的两个要素——识别及分析，是前后衔接的，识别在前面。

识别的第一步是收集有关风险事件的资料。风险事件必须加以检查及识别。将事件分解到足够细致的程度，以使评估者能了解风险发生的原因及结果，这是识别大、中型项目中经常发生的、多种多样的大型风险的一种实用方法。

风险的分析是一个系统的技术性过程，包括对风险发生原因的分析、对此风险与其他风险关系的分析以及对已识别出的风险的检查，还采用发生概率及事件结果的形式将风险的影响表示出来。

### 5.6.4　风险规划

风险规划是项目风险管理的一系列行动的总结，其目标为：

（1）研究并依程序以书面形式形成一套有条理的、易理解的、互动的风险管理战略；

（2）决定采用何种方法执行该策略；

（3）资源分配。

规划是不断重复的，包含了全部风险管理的过程。它包括评估（识别及分析）、处理、监控及记录，规划的工作成果是形成一份风险管理规划（RMP）。

规划首先从开发和形成战略开始。我们先致力于建立管理的目标，分派不同工作领域的责任归属，识别所需要的专业技术，描述形成风险处理方法的程序，建立监控标准，并明确报告、记录、沟通等需要。

RMP实际上类似于一张地图，告诉我们应从何处着手并要达到何种目的。做好一份RMP的关键是将尽可能多的资料提供给项目小组，使每个成员对项目风险管理的目的、过程了如指掌。因为是一张地图，所以它在某些领域非常具体，比如不同员工的责任分派及确定，而在某些领域则较为宏观，让执行者自己选择最有效率的方法，比如风险评估者可能会有几种可供选择的评估方法。规划中关于评估技术的描述可能会笼统一些，使评估者可以依当时当地的具体情况进行选择。

### 5.6.5　风险控制

风险监控过程是系统化的风险追踪过程，也是运用已建立的标准体系评估风险处理效果的过程。监控结果不仅是开发其他风险处理方法的基础，还是更新目前风险处理方法的基础，更是重新分析已知风险的基础。在某些情况下，监控结果甚至可用来识别新的风险或对原有的风险计划进行部分修正。监控过程的关键是在项目中建立有效的对成本、进度、绩效的指示系统，项目管理人员可采用这一系统对项目所处的状态进行评估。指示系统应能及时反映出潜在风险，以使管理者及时解决问题。从某种意义上讲，风险监控并非解决问题的技术，而是一种为降低风险而预先主动地获取信息的技术。某些适用于风险监控的技术也可运用到整个项目的监控系统，这些技术包括以下几个方面：

（1）挣值（EV）。这是采用标准成本/进度数据从整体上对成本和进度的实际执行进行对照、评估。它为判断风险处理活动是否达到预期目的提供了基础。

（2）程序标准。这是对运营过程的一种正式的、周期性的评估行为，以考察运营过程是否达到了预期目标。

（3）进度绩效监控。这是采用进度表中的数据对运营过程进行监控，以评估风险处理活动是否状况良好。

（4）技术性能测评（TPM）。技术性能测评通过工程分析和检测，评估在采用某种风险处理方法之后设计中的一些关键性参数的值。它实际上是产品设计评估技术。

指示系统和对风险的周期性重新评估能将风险管理与全面程序管理结合起来。最终，一个高度精确的检测和评估系统在风险监控和重新评估风险过程中发挥关键作用。

## 思考练习

1. 简述项目管理的重要作用。

2. 简述项目管理的主要内容。

3. 简述项目成本估算的方法。

4. 简述项目风险管理的主要步骤。

5. 检索项目管理的相关软件，包括 MS Project，以及小型任务管理系统，如 Tower、Teambition、Trello 等，详细对比它们的区别，并陈述各自的适用范围。

# 6 产品数据分析

## 【思维导图】

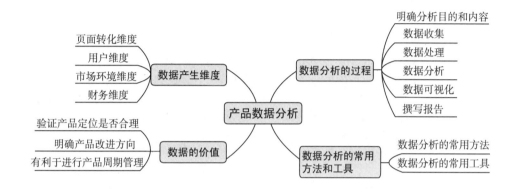

## 【学习要点】

1. 了解数据分析对产品设计的重要作用。

2. 了解数据价值。

3. 熟悉数据分析的过程。

4. 了解数据分析的常用方法和工具

产品设计不同于纯粹的艺术，不是为了表现自我，而是为了更好地服务用户。因此，设计师了解用户非常重要。除了通过现场观察、问卷调查、深度访谈等一般的市场调查方法收集用户对产品的意见和建议外，针对互联网产品更有效的方法是利用产品数据进行分析。相关人员通过数据分析可以指导产品设计，由于互联网产品本身在24小时不间断地制造着极为丰富的数据，数据分析对互联网产品设计尤为重要。离开数据分析，互联网产品设计就成为闭门造车。相关人员通过数据分析可以发现产品运营过程中存在的问题，对这些数据进行进一步的分析后，可以通过看似杂乱无章的数据发现其背后隐藏的规律性知识，例如发生问题更深层次的原因等，通过对这些知识的总结，可以对产品设计进行及时的调整优化。

注意本章并非统计分析方法介绍，而是希望从运营的视角提出数据分析的切入点。具体的统计分析方法依赖于不同的业务场景，一般的大学基础课程都有提供，本章不再赘述。

## 6.1 数据产生维度

在对互联网产品进行分析时，其所需数据一般主要包括以下几个维度：页面转化、用户、市场环境、财务等。

### 6.1.1 页面转化维度

页面转化数据是最基本的数据，和页面转化数据相关的概念主要包括以下几个：用户停留在某个页面的时间；用户在各个页面之间跳转的路径；某独立用户到达目标页面的次数；在所有访问次数中，成功吸引用户完成转化的次数所占比例（转化率＝转化/转化次数）。转化率是互联网产品最终能否盈利的关键因素，只有提高互联网产品综合运营实力，才能提升转化率。

### 6.1.2 用户维度

该维度主要通过量化手段对用户的目标、行为、态度等进行数据分析。这些分析所需要的数据包括每天访问次数；各个模块的使用频率；对用户进行分类，以及不同类别用户的使用数据；用户使用时间分布等。

### 6.1.3 市场环境维度

该维度主要包括对相关行业、市场以及各潜在竞争对手的数据分析。要辩证地分析数据，既要分析有利数据，也要分析不利数据。面对可能的不利风险、有利的机遇，都要提前制订应对方案，并落实到产品中。

### 6.1.4 财务维度

该维度主要是指对现金流的分析，例如，各个功能模块、各类别用户和各不同时间段对现金流的贡献程度和分布情况。

用户在使用产品过程中的各种操作产生的数据最直观地体现了产品的性能。因此，对于产品设计来说，用户行为产生的数据在上述维度产生的数据中最为重要。

## 6.2 数据的价值

### 6.2.1 验证产品定位是否合理

产品定位是否合理是一个非常重要的战略问题，用户使用行为可以反映用户对产品的直接感受，可以分析出用户的反应是否与产品设计初衷相符合，哪些方面需要调整。

### 6.2.2 明确产品改进方向

通过分析用户对不同功能模块的喜好程度、用户的操作路径，可以明确哪些方面需要改进，哪些细节可以进行优化；通过对市场营销的数据分析，能倒推出是目标用户定位不准确，还是产品本身有问题，以及哪方面有问题。

### 6.2.3 有利于进行产品周期管理

互联网产品迭代非常迅速，其生命周期一般分为引入期、成长期、成熟期和衰退期四个阶段。不同的生命周期阶段，需要在对用户留存、消费、市场营销进行数据分析的基础上进行不同的管理措施。上述思想可概括为图6-1。

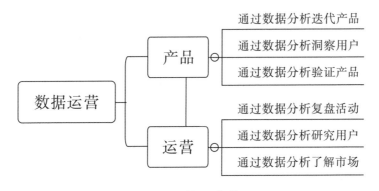

**图6-1 产品周期管理**

## 6.3　数据分析的过程[①]

数据分析一般分为六个步骤：明确分析目的和内容、数据收集、数据处理、数据分析、数据可视化、撰写报告。

### 6.3.1　明确分析目的和内容

在进行数据分析之前，首先要明确分析目的。目的明确，在数据分析过程中才不会迷失方向，最终的分析结果才符合初衷。随后可以根据分析目的明确分析内容，并进行逐层分解，再将分析内容进行细化。明确分析内容的过程中要时刻紧扣分析目的，不能为了分析而分析。在后续数据收集、处理以及可视化等各步骤也要注意不要偏离分析目的。

### 6.3.2　数据收集

数据收集是后续分析阶段的基础，收集数据的来源丰富多样，既可以从产品运营数据库中收集数据，也可以进行线上、线下的市场数据调研，还可以从专门设计的产品测试实验中收集数据，或者从各种数据分析平台中购买数据。

### 6.3.3　数据处理

数据收集阶段收集来的数据一般是杂乱无章的，有大量的脏数据，需要加工处理后才能进行数据分析，这一过程就是数据处理。数据处理一般包括数据清洗、数据转化、数据提取、数据计算等处理方法。

### 6.3.4　数据分析

数据分析主要是指利用统计分析或数据挖掘技术对处理过的数据进行分析和研究，提取有价值的信息，形成有效结论的过程。在确定数据分析目的和内容阶段，数据分析师应当为所分析的内容确定适合的数据分析方法，由于数据分析多是通过软件来完成的，这就要求数据分析师不仅要掌握各种数据分析方法，还要熟悉主流数据分析软件的操作。一般的数据分析我们可以通过 Excel 完成，而高级的数据分析就要采用专业的分析软件进行，如 Python 语言等。

要明白数据处理和数据分析的区别。从前面介绍数据处理和分析的过程不难看出，数据处理是数据分析的基础。通过数据处理，将收集到的原始数据转换为可以分析的形式，并且保证数据的一致性和有效性。如果数据本身存在错误，那么即使采用最先进的数据分析方法，得到的结果也是错误的，其不具备任何参考价值，甚至还会误导决策。

---

### 6.3.5　数据可视化

一般情况下，数据是通过表格和图形的方式来呈现的，我们常说用图表说话就是这个意思。常用的数据图表包括饼图、柱形图、条形图、折线图、散点图、雷达图等，可以对这些图表进行进一步整理加工，使之变为我们所需要的图形，例如金字塔图、矩阵图、漏斗图、帕雷托图等。大多数情况下，人们更愿意接受图形这种数据展现方式，因为它能更加有效、直观地传递出分析师所要表达的观点。记住，一般情况下，能用图说明问题的，就不用表格，能用表格说明问题的，就不用文字。

### 6.3.6　撰写报告

数据分析报告其实是对整个数据分析过程的一个总结与呈现，通过报告，把数据分析的起因、过程、结果及建议完整地呈现出来，以供决策者参考。因此数据分析报告通过对数据全方位的科学分析来评估产品运营质量，为决策者提供科学、严谨的决策依据。

首先，一份好的数据分析报告需要有一个好的分析框架，并且图文并茂，层次明晰，能够让阅读者一目了然。结构清晰、主次分明可以使阅读者正确理解报告内容；图文并茂可以令数据更加生动活泼，增强视觉冲击力，有助于阅读者更形象、直观地看清楚问题和结论，从而产生思考。

其次，数据分析报告需要有明确的结论，没有明确结论的分析称不上分析，同时也失去了报告的意义，因为我们最初就是为寻找或者求证一个结论才进行分析的，所以千万不要舍本求末。

最后，好的数据分析报告一定要有建议或解决方案，作为决策者，需要的不仅仅是找出问题，更重要的是提出建议或解决方案，以便他们在决策时作参考。因此，数据分析师不但需要掌握数据分析方法，而且要了解和熟悉产品，这样才能根据发现的产品问题提出具有可行性的建议或解决方案。

## 6.4　数据分析的常用方法和工具

### 6.4.1　数据分析的常用方法

1. 转化分析

对于商业互联网软件产品来说，分析用户的转化率至关重要。最终的转化不是一步完成的，从用户注册到用户最终付费是一个环环相扣的过程，一个环节出错就会前功尽弃，无法完成最终的转化。因此，转化分析包括对每一步转化率的分析，还要分析每一环不能进行下去的原因。通过对原因的分析，可以发现产品设计上的不足，或者其他原因，如促销力度、营销模式的问题；客户群体定位不准确的问题；等等。这将为产品今后的升级、优化提供了明确的改进目标。

**2．用户细分**

若想对用户进行科学、有效的分析，必须对用户进行详细分类，这样才能进行多维度、多指标的分析，才能进行深入的对比和分析，才能更有效地提升不同用户群体的体验。

**3．用户轨迹**

不同的用户在使用互联网软件产品时会留下不同的操作轨迹，如不同页面之间的跳转、各按钮的点击顺序、间隔时间等。借助大量用户轨迹数据，可以分析产品的方方面面。

**4．热图分析**

通过热图，可以分析出用户的主要兴趣点在哪里、哪些功能模块是鸡肋、产品的主要赢利点有哪些。

**5．留存分析**

留存是指用户在互联网软件产品中持续使用，成为真实用户。可以通过对留存用户、流失用户的对比、分类分析，找到如何提高用户留存率的方法。

## 6.4.2 数据分析的常用工具

**1．Excel**

微软的 Excel 是最基本、最常见的数据分析工具，具有强大的数据分析功能，可以用来进行数据预处理、图表可视化、基本的计算和统计、VBA 编程等（见图 6-2）。Excel 可以满足大部分一般的数据分析需求。

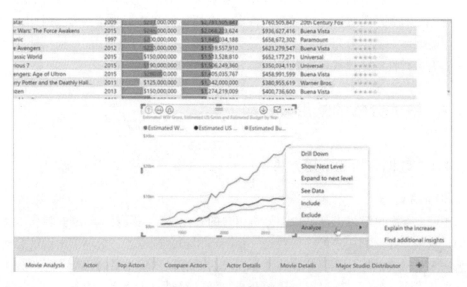

图 6-2　Excel 数据处理

除了 Excel 外，微软还推出了 Power BI 组件。微软表示，Power BI 是软件服务、应用和连接器的集合，它们协同工作以将相关数据来源转换为连贯的视觉逼真的交互式见解。数据可以是 Excel 电子表格，也可以是基于云端和本地混合数据库的集合。使用 Power BI，可以轻松连接到数据源，将其可视化及发现重要内容，并根据需要与任何人共享。微软还指出，Power BI 有以下特性：

（1）连接到任意数据。

随意浏览数据（无论数据位于云端还是本地），包括 Hadoop 和 Spark 之类的大数据源。Power BI Desktop 连接了成百上千的数据源，并且数据量还在不断增长，可让用户针对各种情况获得深入的见解。

（2）轻松准备数据并建模。

准备数据会占用大量时间。如果使用 Power BI Desktop 建模，则不会这样。使用 Power BI Desktop，只需单击几下即可清理、转换以及合并来自多个数据源的数据。在一天中能节约数小时。

（3）借助 Excel 的熟悉度提供高级分析。

企业用户可以利用 Power BI Desktop 的快速度量值、分组、预测以及聚类等功能深入挖掘数据，找出他们可能错过的模式。高级用户可以使用功能强大的 DAX 公式语言完全控制其模型。如果你熟悉 Excel，那么使用 Power BI Desktop 便没什么难度。

（4）随时随地人人创作。

向需要的用户提供可视化分析。创建移动优化报表，供用户随时随地查看。从 Power BI Desktop 发布到云端或本地，将在 Power BI Desktop 中创建的报表嵌入现有应用或网站。

（5）创建为企业量身打造的交互式报表。

利用交互式数据可视化效果创建令人震撼的报表。使用 Microsoft 与合作伙伴提供的强大数据套件，用数据来讲故事。使用主题设置、格式设置和布局工具设计报表。

2. Python

Python 是一种面向对象的、开源的高级编程语言。产品经理可以用 Python 进行统计分析、数据可视化、网络爬虫等工作（见图 6-3）。

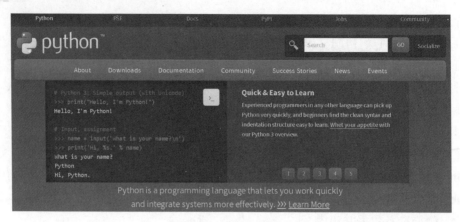

图 6-3   Python 界面

Python 在数据分析领域发展迅速，得到越来越多一线分析人员和科研人员的青睐。同传统的统计分析工具 R 语言一样，Python 也具有开源优势。除此之外，Python 是一种成熟的高级编程语言，同 R 语言相比，更符合大多数程序员的编程习惯。因此，Python 的学习曲线更平缓，更容易入门。而且随着 Python 的快速发展，各种扩展包也被大量开发出来，具备了比较完善的数据分析函数库。Python 有专门的扩展包可以完成快速数据处理、数值计算、绘图、时间序列分析、符号运算、三维可视化等。

3. Tableau

Tableau 是一款专业的数据可视化工具，提供各式的图表、仪表盘工具，对导入或者链接的数据源进行灵活分析（见图 6-4）。它可以实现业务仪表板、协作、地图、大数据、时间序列分析和调查分析等多项数据分析任务。

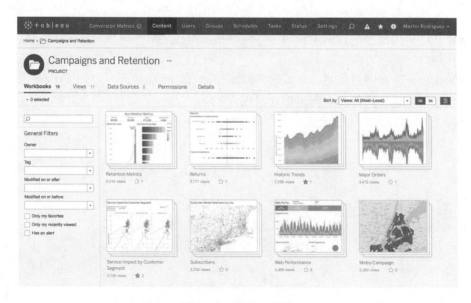

图 6-4   Tableau 界面

Tableau 具有以下特点：

（1）快速分析：在数分钟内完成数据连接和可视化。Tableau 比现有的其他解决方案快 10~100 倍。

（2）简单易用：任何人都可以使用，直观明了地拖放产品分析数据，无须编程即可深入分析。

（3）大数据：无论是电子表格、数据库还是 Hadoop 和云服务，任何数据都可以轻松探索。

（4）智能仪表板：可集合多个数据视图进行更丰富的深入分析。

（5）自动更新：通过实时连接获取最新数据，或者根据制定的日程表获取自动更新。

（6）瞬时共享：只需数次点击，即可发布仪表板，在网络和移动设备上实现实时共享。

4. GrowingIO

GrowingIO 是基于用户行为的新一代数据分析产品，提供全球领先的数据采集和分析技术。企业无须在网站或 App 中埋点即可获取并分析全面、实时的用户行为数据，以优化产品体验，实现精益化运营，用数据驱动用户和营收的增长（见图 6-5）。

图 6-5 GrowingIO 分析

（1）提高转化，低成本获客。

了解用户行为路径，优化核心转化路径，提高转化，把访客变成客户，把流量变成注册和购买。

（2）提升留存，挖掘客户价值。

精准定位产品增长点，延长用户使用核心功能的时长，培养用户使用习惯，让用户持续地使用你的产品。

（3）专业的增长分析服务。

由前 LinkedIn 商业分析高级总监张溪梦带领，国内外专业商务分析师全方位支持，全面梳理核心指标体系，提出解决方案，用数据支持业务决策。

5. SQL

结构化查询语言（Structured Query Language，SQL），其结构简洁、功能强大、简单易学，是关系型数据库经典的查询语言，但它的影响已经超出数据库领域，得到其他领域的重视和采用，如人工智能领域的数据检索，第四代软件开发工具中嵌入 SQL 的语言等。

SQL 具有以下特点：

（1）一体化：SQL 集数据定义（DDL）、数据操纵（DML）和数据控制（DCL）于一体，可以完成数据库中的全部工作。

（2）使用方式灵活：它具有两种使用方式，既可以直接以命令方式交互使用，也可以嵌入使用，嵌入到 C、C++、FORTRAN、COBOL、Java、Python 等主语言中使用。

（3）非过程化：只提操作要求，不必描述操作步骤，也不需要导航。使用时只需要告诉计算机"做什么"，而不需要告诉它"怎么做"。

（4）语言简洁，语法简单，好学好用：在 ANSI 标准中，只包含了 94 个英文单词，核心功能只用了 6 个动词，语法接近英语口语。

## 思考练习

1. 简述数据分析和产品设计的关系。

2. 举例说明数据分析的常用方法。

3. 简述数据分析的过程。

# 工具篇

　　从本质上来说，互联网产品属于一种软件，其从思想产出、商务沟通、需求搜集到设计、开发、实施的流程均需要使用各种开发工具。本篇以互联网产品开发的整个流程为主线，介绍各个环节所需的设计、开发技术及工具，包括数据流图（DFD）、商业计划书（BP）的写作逻辑、产品需求文档（PRD）的框架等。

# 7　数据流图的绘制

【思维导图】

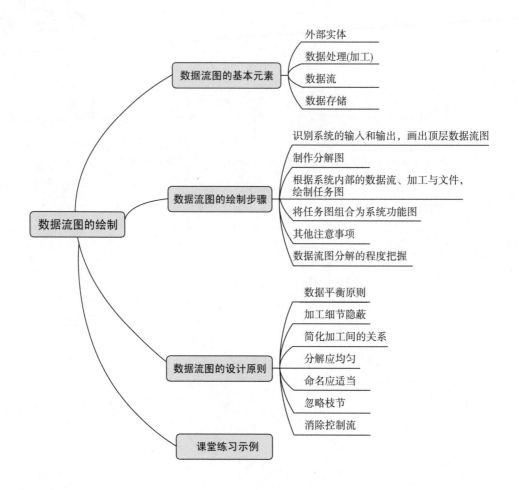

【学习要点】

1. 掌握数据流图的基本元素及其图例。
2. 学会画基本的数据流图。
3. 理解七个数据流图设计原则的内涵。

为了在互联网产品设计中更好地理解业务流程、业务逻辑，明确信息流和数据在系统中流转的细节，需要引入数据流图。数据流图简单易上手，可以用于设计团队和开发团队的精确沟通。

## 7.1　数据流图的基本元素[①]

数据流图（Data Flow Diagram，DFD）是一种图形化技术，它描绘信息流和数据从输入到输出过程中所经受的变换。数据流图描述的是系统的逻辑模型，图中没有任何具体的物理元素，只是描绘信息在系统中流动和处理的情况。数据流图的基本要点是描绘系统对信息流和数据"做什么"而不考虑"怎么做"。[②]

不要将数据流图与系统流程图、程序流程图、程序系统结构图相混淆，表7-1列出了这四种图各自的用途。

表7-1　四种类型的图各自用途

| 类型 | 用途 |
| --- | --- |
| 数据流图 | 描绘信息流和数据从输入到输出过程中所经受的变换 |
| 系统流程图 | 反映主体框架 |
| 程序流程图 | 程序逻辑描述程序中控制流的情况，即程序中处理的执行顺序和执行序列所依赖的条件，图中的有向线段表示的是控制流从一个处理走到下一个处理 |
| 程序系统结构图 | 反映是系统中模块的调用关系和层次关系，谁调用谁有一个先后次序关系。图中的有向线段表示调用时程序的控制从调用模块移到被调用模块，并隐含了当调用结束，时控制将交回给调用模块 |

数据流图有四种基本元素：外部实体、数据处理（加工）、数据流和数据存储。这些元素的图形表示方法有两种：Yourdon-Coad 法和 Gane-Sarson 法。这两种方法的具体符号略有差别，如表7-2所示。

①　骆斌，丁二玉. 需求工程：软件建模与分析［M］. 北京：高等教育出版社，2009；天明宝.《需求分析》阅读笔记之数据流图［EB/OL］.［2018-03-28］. https：//www. cnblogs. com/watm/p/8672222. html；淋哥. 数据流图（DFD）画法要求［EB/OL］.［2016-12-19］. https：//www. cnblogs. com/xuchunlin/p/6197415. html；蛤蟆. 逻辑模型的工具——数据流图 DFD［EB/OL］.［2010-01-22］. https：//www. cnblogs. com/netflu/archive/2010/01/22/1654005. html.

②　张海藩. 软件工程导论［M］.5 版. 北京：清华大学出版社，2008.

表 7 - 2　两种表示方法

| 元素名称 | Yourdon-Coad 法 | Gane-Sarson 法 |
|---|---|---|
| 外部实体 | □ | □ or □ |
| 数据处理（加工） | ○ | ▭ |
| 数据流 | ↓ | ↓ |
| 数据存储 | ── | ▭ |

## 7.1.1　外部实体

外部实体表示所描述系统的数据来源和去处的各种实体或工作环节，是处于待建构系统之外的人、组织、设备或者其他软件系统，这些元素不受系统的控制，开发人员无法对外部实体进行任何操作。在画数据流图时，并不是把所有外部实体都画出来，只需要画出和正建设软件产品存在数据交换的外部实体，待建设软件产品从这部分外部实体中获取数据或者向其输出数据。

所有的外部实体联合起来构成了软件系统的外部上下文环境，它们与软件系统的交流就是软件系统与其外部环境的接口，这些接口联合起来定义了软件系统的系统边界。对软件系统功能分析就是从系统边界出发的。

在 Yourdon-Coad 表示法中，外部实体使用矩形来表示，在 Gane-Sarson 表示法中，外部实体用双矩形或者矩形来表示。另外，外部实体需要一个名称来标记自己，它们通常会使用能够代表其特征的名词作为名称。

## 7.1.2　数据处理（加工）

数据处理是指对数据进行加工、数据变换，是施加于数据的动作或者行为，把流入的数据流转换为流出的数据流，因此该数据处理过程常被称为"加工"。在顶层数据流图中，将整个软件系统的功能描述为一个加工；在下一层数据流图中，这个加工被分解了，可以将系统中某项业务处理描述为一个加工；在更低层次数据流图中，某项业务处理被进一步分解，如果加工的内容已经具有原子性特征，则构建者会使用微规格说明来描述它的内容逻辑。

在 Yourdon-Coad 表示法中，加工使用圆形来表示，在 Gane-Sarson 表示法中，加工用圆角矩形来表示。

加工处理是对数据进行的操作，每个加工处理都应取一个名字表示它的含义，并规定一个编号来标识该加工在层次分解中的位置。名字中必须包含一个动词，例如"计算""打印"等。

对数据加工转换的方式有两种：一是改变数据的结构，例如将数组中各数据重新排序；二是产生新的数据，例如对原来的数据总计、求平均等值。

### 7.1.3　数据流

数据流是指数据的运动，它是系统与环境之间或者系统内两个过程之间的通信形式，它由一组确定的数据组成。数据流可以从加工流向加工，也可以从加工流进、流出文件，还可以从源点流向加工或从加工流向终点，总之数据流必须和过程产生关联，它要么是过程的数据输入，要么是过程的数据输出。例如"发票"为一个数据流，它由品名、规格、单位、单价、数量等数据组成。在 Yourdon-Coad 表示法和 Gane-Sarson 表示法中数据流都用带有名字和箭头的线段表示，名字称为数据流名，表示流经的数据，箭头表示流向。

数据流可以分割和组合。分割可以是整个数据流的内容流向不止一个地方，这种情况下，分割的数据流和原来的数据流应保持一致。分割也可以是将原来的数据流分为多个不同的元素，即将复杂的数据包分解为几个更简单的数据包，这种情况下，图示上会有一个明确的分割操作，分割后每个分支都是全新的数据流，具有和原数据流不一样的标识。组合是分割的逆操作，其组合规则和分割类似，有时会使用几种附加符号：星号（＊）表示数据流之间是"与"的关系，加号（＋）表示"或"的关系，⊕表示异或的关系，只能从中选一个。

对数据流的表示有以下约定：

（1）对流进或流出文件的数据流不需标注名字，因为文件本身就足以说明数据流。而别的数据流则必须标注名字（名词），名字需能反映数据流的含义。

（2）数据流不允许同名，两个数据流在结构上相同是允许的，但必须体现人们对数据流的不同理解。

在画 DFD 时，除了要了解数据流的流向和使用之外，清晰定义数据流的具体内容也是非常重要的工作，定义时通常会配合使用数据字典来描述数据流的内容，这时候 ERD 图可以起到辅助作用（见图 7 - 1）。

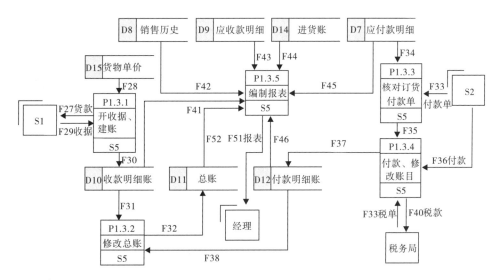

图 7 - 1　一个典型的财务系统数据流图

### 7.1.4　数据存储

数据存储是软件系统需要在内部收集、保存，以供日后使用的数据集合。数据存储和数据流都是数据，但它们所处的状态不同，数据存储代表的是静态的数据，数据流代表的是动态的数据。数据存储应与它的内容一致，写在开口长条内。从文件流入或流出数据流时，数据流方向是很重要的。如果是读文件，则数据流的方向应从文件流出；如果是写文件，则相反；如果是又读又写，则数据流是双向的。在修改文件时，虽然必须首先读文件，但其本质是写文件，因此数据流应流向文件，而不是双向。

需要注意的是：

（1）处理并不一定是程序。它可以是系统程序、单个程序或程序的一个模块，甚至可以代表人工处理过程。

（2）数据的源点和终点是系统之外的实体，可以是人、物或者其他系统。有时数据的源点和终点相同，表示方法是再重复画一个同样的符号表示数据的终点。

（3）数据存储并不等同于一个文件。它可以是一个文件、文件的一部分、数据库元素或记录的一部分。数据存储在物理上可以是计算机中的外部或内部文件，也可以是一个人工系统中的表或者账单等。

（4）数据流图中的箭头仅能表示在系统中数据的流动，不能表示程序的控制结构，这是其与程序流程图的区别。数据流图可以作为软件分析和设计的工具，程序流程图用于程序的过程设计。

（5）为了避免在数据流图上出现线条交叉，同一个源点、终点或文件均可在不同位置多次出现，这时要在源（终）点符号的右下方画小斜线，或在文件符号左边画竖线，以示重复。

## 7.2　数据流图的绘制步骤[①]

对于不同的问题，数据流图可以有不同的画法。一般遵循"自顶向下，逐层细化，完善求精"的原则，即先确定系统的边界或范围，再考虑系统的内部，先画加工的输入和输出，再画加工的内部。为了表达较为复杂问题的数据处理过程，用一个数据流图往往不够。一般按问题的层次结构进行逐步分解，并以分层的数据流图反映这种结构关系。

根据层次关系，一般将数据流图分为顶层数据流图、中间数据流图和底层数据流图，

---

① 骆斌，丁二玉.需求工程：软件建模与分析 [M].北京：高等教育出版社，2009；天明宝.《需求分析》阅读笔记之数据流图 [EB/OL].[2018 – 03 – 28].https：//www.cnblogs.com/watm/p/8672222.html；淋哥.数据流图（DFD）画法要求 [EB/OL].[2016 – 12 – 19].https：//www.cnblogs.com/xuchunlin/p/6197415.html；蛤蟆.逻辑模型的工具——数据流图 DFD [EB/OL].[2010 – 01 – 22].https：//www.cnblogs.com/netflu/archive/2010/01/22/1654005.html.

也有一种分法是分为上下文数据流图、0 层数据流图和 N 层数据流图。除顶层数据流图外，其余分层数据流图从 0 开始编号。对任何一层数据流图来说，它的上层数据流图为父图，它的下层数据流图为子图。

底层数据流图是指其加工不能再分解的数据流图，其加工称为"原子加工"。中间数据流图是对父层数据流图中某个加工进行细化，而它的某个加工也可以再次细化，形成子图。中间层次的多少一般视系统的复杂程度而定。

### 7.2.1　识别系统的输入和输出，画出顶层数据流图

顶层数据流图的目的是确定系统的边界，由基本软件系统模型加上源点和终点构成，其中只含有一个加工，表示整个系统；输入数据流和输出数据流为系统的输入数据和输出数据，表明了系统的范围，以及与外部环境的数据交换关系。在系统分析初期，系统的功能需求等还不很明确，为了防止遗漏，不妨先将范围定得大一些。系统边界确定后，越过边界的数据流就是系统的输入或输出，将输入与输出用加工符号连接起来并加上输入数据来源和输出数据去向就形成了顶层数据流图。顶层数据流图只有一张。

图 7-2 是一个顶层数据流图的例子。①

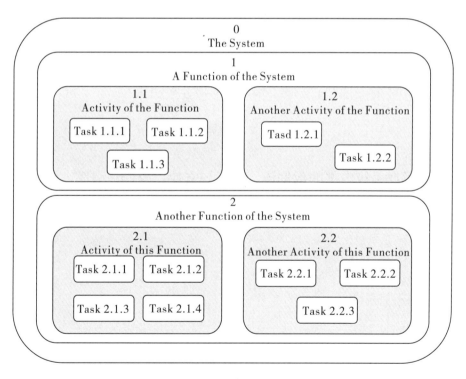

图 7-2　顶层数据流图示例

---

① WHITTEN J L, BENTLEY L D, DITTMAN K C. 系统分析与设计方法［M］. 北京：高等教育出版社，2001.

### 7.2.2 制作分解图

读者应该还记得前面章节介绍的需求分析方法及其用例图分析工具，用例图分析一般以任务作为单位。将绘制好的用例图总结并按功能模块进行归类，即可形成如图7-3所示的分解图（Decomposed Diagram）。①

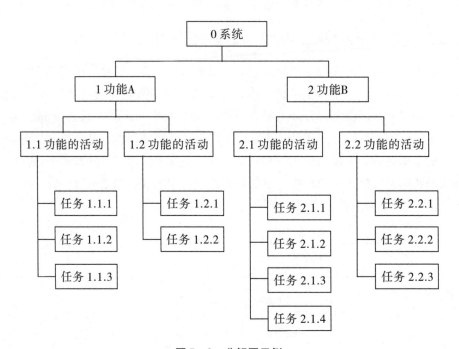

图7-3 分解图示例

### 7.2.3 根据系统内部的数据流、加工与文件，绘制任务图

以上述用例图作为基础来绘制任务图，如图7-4所示。

---

① WHITTEN J L, BENTLEY L D, DITTMAN K C. 系统分析与设计方法［M］. 北京：高等教育出版社，2001.

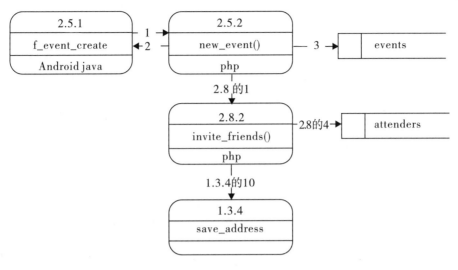

图7-4 任务图示例

## 7.2.4 将任务图组合为系统功能图

图7-5为由任务图组合而成的系统功能图。[①]

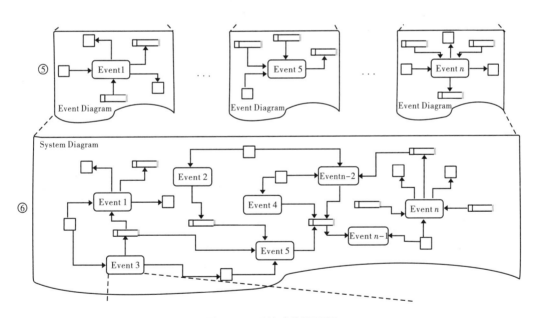

图7-5 系统功能图示例

有时需要对部分或全部数据流图作重新分解，可按以下步骤进行：

（1）把需要重新分解的所有子图连成一张；

———————————

① WHITTEN J L，BENTLEY L D，DITTMAN K C. 系统分析与设计方法［M］. 北京：高等教育出版社，2001.

（2）根据各部分之间联系最少的原则，把图划分成几个部分；

（3）重建父图，即把第二步所得的每一部分画成一个圆圈，各部分之间的联系就是加工之间的界面；

（4）重建各张子图，只需把第二步所得的图按各自的边界剪开即可；

（5）为所有加工重新命名、编号。

按照"由外向里"的原则，从系统输入端到输出端，将两者逐步用数据流和加工连接起来。当数据流的组成或值发生变化时，就在该处画一个"加工"符号。对每个加工进行分析，如果在该加工内部还有数据流，则可将该加工分成若干个子加工，并用一些数据流把子加工连接起来，画出下一级数据流图。每次的功能分解都会为一个复杂的父过程建立一个完整的子图描述。在子图中会出现比父过程抽象层次更低的子过程，也会新出现一些配合子过程工作的新的数据流和数据存储。

画数据流图时还应同时画上文件，以反映各种数据的存贮处，并表明数据流是流入还是流出文件。

最后，再回过头来检查系统的边界，补上被遗漏但有用的输入、输出数据流，删去那些没被系统使用的数据流（见图 7 - 6）。

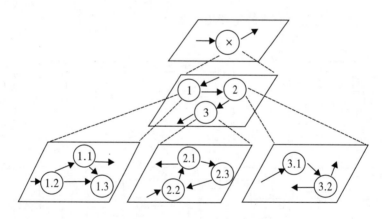

图 7 - 6　数据流图的绘制步骤

### 7.2.5　其他注意事项

一般应先给数据流命名，再根据输入/输出数据流名字的含义为加工命名。名字含义要确切，要能反映相应的整体。若碰到难以命名的情况，则很可能是分解不恰当造成的，应考虑重新分解。画数据流图是一项艰巨的工作，要做好重画的思想准备，重画是为了消除隐患，有必要不断改进。

从左至右画数据流图。通常左侧、右侧分别是数据源点和终点，中间是一系列加工和文件。正式的数据流图应尽量避免线条交叉，必要时可用重复的数据源点、终点和文件符号。此外，数据流图中各种符号布置要合理，分布应均匀。

因为作为顶层加工处理的改变域是确定的，所以改变域的分解是严格的自顶向下分解的。由于目标系统目前还不存在，因此分解时开发人员还需凭经验进行，这是一项创造性的劳动。画出分层数据流图，并为数据流图中各个成分编写词典条目或加工说明后，就获得了目标系统的初步逻辑模型。

### 7.2.6 数据流图分解的程度把握

对于规模较大的系统的分层数据流图，如果一下子把加工直接分解成基本加工单元，一张图上画出过多的加工将使人难以理解，也增加了分解的复杂度。然而，如果每次分解产生的子加工太少，会使分解层次过多而增加作图的工作量，阅读也不方便。经验表明，一般一个加工每次分解量以最多不要超过七个为宜。同时，分解时应遵循以下原则：

（1）分解应自然，概念上要合理、清晰。

（2）上层可分解得快些（即分解成的子加工个数多些），这是因为上层是综合性描述，对可读性的影响小。而下层应分解得慢些。

（3）在不影响可读性的前提下，应适当地多分解，以减少分解层数。

（4）一般来说，当加工可用一页纸明确地表述，或加工只有单一输入/输出数据流时（出错处理不包括在内），就应停止对该加工进行分解。另外，对数据流图中不再作分解的加工（即功能单元），必须作出详细的加工说明，并且每个加工说明的编号必须与功能单元的编号一致。

## 7.3 数据流图的设计原则①

在使用 DFD 描述系统过程模型时，有一些必须遵守的规则，这些规则可以保证 DFD 的正确性。有时为了增加数据流图的清晰性，防止数据流的箭头线太长，减少交叉绘制数据流条数，一般在一张图上重复同名的数据源点、终点与数据存储文件。如某个外部实体既是数据源点又是数据汇点，可以在数据流图的不同地方重复绘制该外部实体。在绘制时应该注意以下原则：

### 7.3.1 数据平衡原则

数据平衡原则分为两个方面：

（1）在分层数据流图中，父图和子图要平衡，也就是说，父图中某加工的输入/输出数据流必须与它的子图的输入/输出数据流在数量和名字上相同。任何一个数据流子图必须与它上一层父图的某个加工对应，二者的输入数据流和输出数据流必须保持一致，此即父图与子图的平衡。父图与子图的平衡是数据流图中的重要性质，保证了数据流图的

---

① 认识 软件设计师下午试题 ［EB/OL］. https：//wenku. baidu. com/view/c2960304677d27284b73f242336c 1e b91a373318. html；数据流图（DFD）画法要求 ［EB/OL］. https：//wenku. baidu. com/view/423d0ced6294dd 88d0d26bf1. html.

一致性，便于分析人员阅读和理解。在父图与子图平衡中，数据流的数目和名称可以完全相同，也可以在数目上不相等，但是可以借助数据字典中数据流的描述，确定父图中的数据流是由子图中几个数据流合并而成的，即子图是对父图中加工和数据流同时进行分解，因此也属于父图与子图的平衡，如图 7-7 所示。

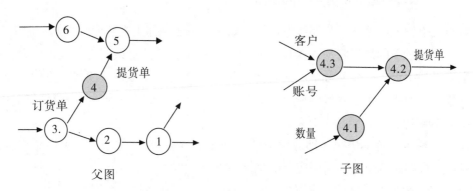

图 7-7　父图与子图平衡示例

造成子图与父图不平衡的一个常见原因是在增加或删除一个加工时，忽视了对相应父图或子图的修改。在检查数据流图时应注意这一点。

子图与父图的数据流必须平衡，这是分层数据流的重要性质。这里的平衡指的是子图的输入、输出数据流必须与父图中对应加工的输入、输出数据流相同。但下列两种情况是允许的，一是子图的输入/输出数据流比父图中相应加工的输入/输出数据流表达得更细。例如，若父图的"订货单"数据流是由客户、品种、数量三部分组成，则图中的子图与父图是平衡的。在实际中，检查该类情况的平衡需借助数据词典。二是考虑平衡时，可以忽略枝节性的数据流。

应当指出的是，如果一个临时文件在某层数据流图中的某些加工之间出现，则在该层数据流图中就必须画出这个文件。一旦文件被单独画出，那么也需画出这个文件同其他成分之间的联系。

（2）一个加工的所有输出数据流中的数据必须能从该加工的输入数据流中直接获得，或者是通过该加工能产生的数据。每个加工必须有输入数据流和输出数据流，以反映此加工的数据来源和变换结果。一个加工的输出数据流只由它的输入数据流确定。数据流必须经过加工，即必须进入加工或从加工流出。

### 7.3.2　加工细节隐蔽

根据抽象原则，在画父图时，只需画出加工和加工之间的关系，而不必画出各个加工内部的细节。当某层数据流图中的数据存储不是父图中相应加工的外部接口，而只是本图中某些加工之间的数据接口时，那么这些数据存储为局部数据存储。为了强调局部数据存储的隐蔽性，一般情况下，局部数据存储只有作为某些加工的数据接口或某个特定加工的输入和输出时，才画出来。即按照自顶向下的分析方法，某数据存储首次出现时只与一个加工有关，那么这个数据存储应该作为与之关联加工的局部数据存储，在该层数据流子图中不必画出，而在该加工的子图中画出，除非该加工为原子加工。

### 7.3.3　简化加工间的关系

各加工之间的数据流越少，各加工的独立性越高，因此应当尽量减少加工之间数据流的数目，必要时可采用后文介绍的步骤，对数据流图进行重新分解。

一个加工的输出数据流仅由它的输入数据流确定，这个规则绝不能违背。数据不守恒的错误有两种，一是漏掉某些输入数据流，二是某些输入数据流在加工内部没有被使用。虽然有时后者并不一定是个错误，但也要认真考虑，对于确实无用的数据就应该删去，以简化加工之间的联系。

### 7.3.4　分解应均匀

应该使一个数据流中的各个加工分解层次大致相同。在同一张数据流图上，应避免出现某些加工已是功能单元，而另一些加工却还应继续分解好几层的情况，否则应考虑重新分解。

### 7.3.5　命名应适当

名字应反映该成分的实际意义，避免空洞的名字。除了流向数据存储（文件）或从数据存储流出的数据流不必命名外，其他每个数据流都必须有一个合适的名字。

理想的加工名由一个具体的动词和一个具体的宾语（名词）组成。数据流和文件的名字也应具体、明确。

加工和数据流的名字必须体现被命名对象的全部内容而不是部分内容。对于加工的名字，应检查它的含义与被加工的输入/输出数据流是否匹配。

### 7.3.6　忽略枝节

应集中精力于主要的数据流，而暂不考虑一些例外情况、出错处理等枝节性的问题。

### 7.3.7　消除控制流

数据流图与传统的程序流程图不同，表现的是数据流而不是控制流。数据流图是从数据的角度来描述一个系统的，程序流程图则是从对数据加工的角度来描述系统的。数据流图中的箭头是数据流，程序流程图中的箭头则是控制流，它表达的是程序执行的次序。数据流图适合宏观地分析一个组织的业务概况，而程序流程图适合描述系统中某个加工的执行细节。

每个加工必须既有输入数据流，又有输出数据流。在整套数据流图中，每个文件必须既有读文件的数据流，又有写文件的数据流，但在某一张子图中可能只有读没有写，或者只有写没有读。

要特别注意的两个细节问题：

（1）流向文件的数据流表示写入/更新数据，流出文件的数据流表示读文件。在整套数据流图中，每个文件必须既有读的数据流，又有写的数据流，但在某一张子图中可能只有读没有写，或者只有写没有读。

（2）在逐步精化的过程中，若一个文件首次出现时只与一个加工有关，即该文件是一个加工的内部文件，那么该文件在当层图中不必画出，可在该加工的细化图中画出。

## 7.4 课堂练习示例

以下是经过 4 个学时训练后学生的作品：

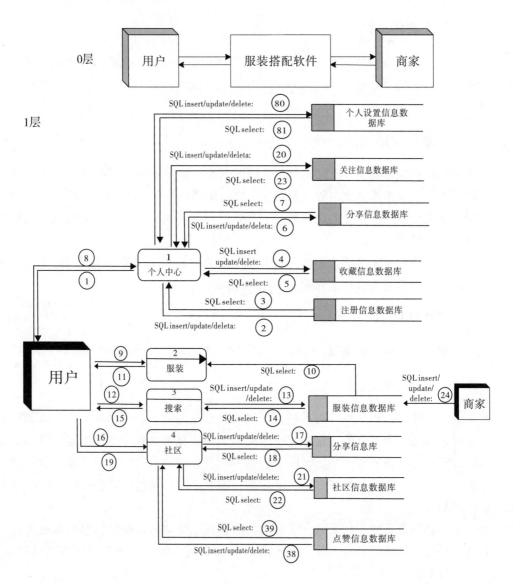

1. 账户名、邮箱、手机号码、密码、收藏的信息、分享的信息、关注的信息、个人设置的信息等

2. 账户名、邮箱、手机号码、密码

3. 账户名、邮箱、手机号码、密码

4. 点击收藏的 id

5. 读取、收藏的相关信息和数据

6. 分享的信息

7. 分享的信息

8. 账户名、邮箱、手机号码、密码、点击收藏的 id、分享的信息、点击关注的 id、个人设置的按钮的 id 等

9. 服装图片的 id

10. 服装信息

11. 服装信息

12. 输入的信息

13. 输入的信息

14. 与输入文字相符的信息

15. 与输入文字相符的信息

16. 在社区里点击相关按钮的 id、分享的信息、点赞的 id 等

17. 分享的信息

18. 分享的信息

19. 社区选择浏览的信息、点赞信息、分享信息

20. 点击关注的 id

21. 点击选择浏览的图片、按钮 id 等

22. 选择浏览的社区信息

23. 关注的信息

24. 服装信息

38. 点赞的 id

39. 点赞信息

80. 个人设置的按钮的 id

81. 个人设置的数据

2 层 模块 1/个人中心

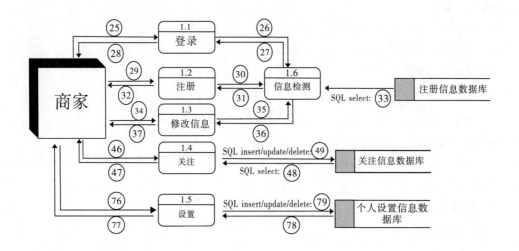

25. 账户名、邮箱、手机号码、密码

26. 账户名、邮箱、手机号码、密码

27. 登录情况反馈信息

28. 登录情况反馈信息

29. 账户名、邮箱、手机号码、密码

30. 账户名、邮箱、手机号码、密码

31. 注册情况反馈信息

32. 注册情况反馈信息

33. 账户名、邮箱、手机号码、密码等个人信息

34. 账户名、邮箱、手机号码、密码

35. 账户名、邮箱、手机号码、密码

36. 个人信息修改情况反馈信息

37. 个人信息修改情况反馈信息

46. 点击关注的 id

47. 关注信息

48. 关注信息

49. 点击关注的 id

76. 个人设置的按钮的 id

77. 个人设置的数据

78. 个人设置的数据

79. 个人设置的按钮的 id

2层　模块2/服装、广告

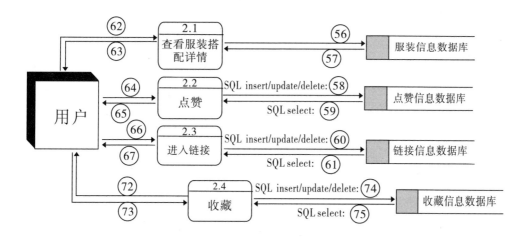

56. 服装搭配图片的 id

57. 服装搭配的信息

58. 点赞按钮的 id

59. 点赞信息

60. 链接信息

61. 进入链接后可浏览的信息

62. 服装搭配图片的 id

63. 服装搭配的信息

64. 点赞按钮的 id

65. 点赞信息

66. 链接信息

67. 进入链接后可浏览的信息

72. 收藏的信息

73. 点击收藏的 id

74. 点击收藏的 id

75. 收藏的信息

2层　模块5/社区

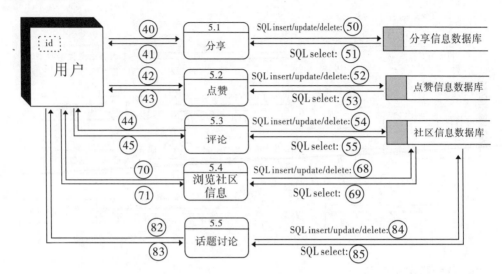

40．点击具体分享圈的 id

41．选择查看分享内容的信息

42．点赞按钮的 id

43．点赞信息

44．选择查看的评论信息

45．输入的评论内容

50．点击具体分享圈的 id

51．选择查看分享内容的信息

52．点赞按钮的 id

53．点赞信息

54．输入的评论内容

55．选择查看的评论信息

68．点击查看图片或相应按钮的 id

69．选择浏览的社区信息

70．点击查看图片或相应按钮的 id

71．选择浏览的社区信息

82．话题讨论内容信息

83．选择讨论话题的 id、输入的话题讨论内容

84．选择讨论话题的 id、输入的话题讨论内容

85．话题讨论内容信息

## 思考练习

1. 画出数据流图各基本元素的图例。

2. 图书馆的预定图书子系统有如下功能：

(1) 由供书部门提供书目给订购组；

(2) 订购组从各单位取得要订的书目；

(3) 根据供书目录和订书书目产生订书文档并留底；

(4) 将订书信息（包括数目、数量等）反馈给供书部门；

(5) 将未订书目通知订购组；

(6) 对于重复订购的书目由系统自动检查，并把结果反馈给订购组。

试根据要求画出该问题的数据流图。

3. 说出至少 3 个数据流图设计原则。

# 8  撰写商业计划书

## 【思维导图】

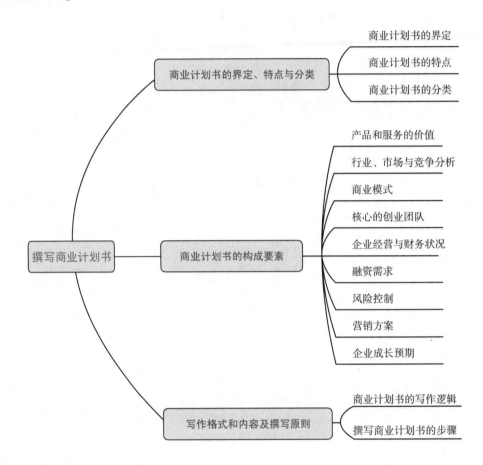

## 【学习要点】

1. 理解商业计划书的界定、特点及构成要素。
2. 掌握撰写商业计划书的程序与方法。
3. 掌握撰写商业计划书的注意事项。

本章主要分析商业计划书的特点、分类及构成要素，介绍撰写商业计划书的原则、程序、方法及注意事项，帮助创业者写好商业计划书。

　　撰写商业计划书的主要目的是引进风险投资，进行融资。良好的商业计划书往往被称为创业企业吸引风险投资的"金钥匙"或"敲门砖"。据 Arthur Andersen 公司所作的一个调查显示，"拥有商业计划书的企业比没有商业计划书的企业平均融资成功率高出100%"。国外大约有 30% 的创业者有商业计划书，国内大约有 8% 的创业者有商业计划书。这说明国内创业活动在很大程度上还缺乏理性分析的基础，而商业计划书是成功创业活动不能缺少的重要环节。

　　对创业者来说，创业成功的关键是撰写出一份完整、具体、操作性强的商业计划书。

## 8.1　商业计划书的界定、特点与分类

### 8.1.1　商业计划书的界定①

　　商业计划书（Business Plan，BP）是一个针对创业项目的系统规划，它从创业团队的人员、制度、管理，以及企业的产品、营销、市场等各个方面分析计划书中商业项目的可行性，是将来创业团队的行动指南和战略规划书，也是行动纲领和执行方案。BP 非常重要，投资方的第一印象就来自它，通过它，投资方可以了解创业团队在创业机会、团队建设、创业资源、商业模式、发展规模等方面的理解，了解创业团队的价值观。BP 是指导创业活动的纲领性书面文件，也是一份宣言书、计划书、指导书。当然，BP 并不仅是给投资方看的，还能帮助创业团队分析创业机会，理清使命、目标、未来发展规划、商业模式等，综合考虑目前所面临的各种有利、不利因素，明确融资方式。BP 主要阅读对象是风险投资商，以及希望和企业进行合作的个人或者组织。

　　BP 的价值在于对投资人决策的影响，其主要目的是帮助投资人对企业或项目做出评判，了解创业团队未来的发展路径和行动规划，从而帮助企业获得融资。由此可见，BP 的价值是无法衡量的。本书所讨论的 BP，实质上就是创业融资计划书。

　　BP 是企业融资成功的重要因素之一。BP 是对企业或者拟建企业进行宣传和包装的文件，它向风险投资商、银行、客户和供应商宣传企业及其经营方式，同时又为企业未来的经营管理提供必要的分析基础和衡量标准。也就是说，商业计划书不仅仅是融资工具，更是创业行动计划，可以使创业者有计划地开展商业活动，增加成功的概率，对于创业者来说是必不可少的。

　　总体来说，BP 有两个重要作用：一是它是敲开投资之门的敲门砖，二是它帮助创业团队理清创业思路。

---

　　① 思创策划咨询. 深圳商业计划书基础篇——商业计划书对创业融资的重要性 ［EB/OL］. ［2021 - 12 - 15］. http：//news. sohu. com/a/508360191_ 100279801.

BP 在创业过程中所处位置的界定：创业机会识别—创业团队建设—商业模式整合—商业计划书撰写—新创企业融资—创业战略—新企业营销—新创企业其他管理。

## 8.1.2　商业计划书的特点

### 1. 创新性

创新性是 BP 最鲜明的特点。BP 的最终目的是把新技术和商业模式变成创业现实，是创意与新产品市场、资源、营销等各种资源要素、内部条件、外表环境的有机整合。

### 2. 独特性

BP 的独特性也非常重要，在产品、服务、融资和管理上，必须有自己的独特性。只有具有独特性，创业团队才会从众多竞争对手中脱颖而出。

### 3. 客观性

编写 BP 时必须保证客观性，不能靠主观臆断，闭门造车。要想保证客观性，必须进行大量的市场调研，进行各种客观数据分析，并在此基础上提出具有可行性的创业设想和创业模式。在 BP 中，应以客观数据与相关文献资料为参考，避免主观推测。创业团队应该时刻对创业环境和前景有客观、冷静的认识，应时刻保持警惕性。

### 4. 系统性

编写 BP 是一项系统性的工作，要将创业者的创意、机会识别、市场调研与分析、市场开发与运营、产品或服务过程、发展战略、营销策略、管理团队、财务分析、退出方式等综合形成一个系统性方案，每个部分都是系统中的有机组成部分。

### 5. 增值性

BP 要想体现自己的竞争优势，就必须展示出自己的增值能力。BP 不仅要客观、系统地将资料整合到一起，还要让投资人看到自己的竞争优势，看到自己创造利润的强烈愿望和能力，让投资人感觉能得到客观的投资回报。

### 6. 简洁易懂性

写 BP 不是搞学术研究，应该简洁易懂。具体来说就是要内容简洁明确、结构紧凑、格式规范、逻辑性强、数据分析可靠。尤其注意不要长篇大论，风险投资人经常收到大量的、形形色色的 BP，很难有时间逐一细看，也没有时间来阅读一些对他没有意义的东西。因此写 BP 时，应该避免一些与主题无关的内容，要开门见山地直奔主题。

### 7. 完整性

根据法律要求，BP 必须保证完整性，必须以书面形式披露与企业业务有关的全部重要信息。如果披露不全，当投资失败时，风险投资人有权收回其全部投资并起诉企业家，因此在 BP 中应全面披露与投资有关的信息。

以下是一份商业计划书的框架案例。

## ××科技股份有限公司商业计划书

摘要

××科技股份有限公司是一家针对在校大学生、年轻白领，以旅游产品信息为中心，实现本地化旅游产品信息分享的服务类公司。公司集资讯、社区、娱乐等诸多功能为一体，以为用户提供健康、休闲的业余生活方式为宗旨，依托于互联网，建立了一个本地旅游产品信息策划和分享的社交化平台。经过一年的研究和实地考察，公司开辟了一片蓝海：重视用户的实际体验，提供自行策划旅游线路、分享旅游信息和旅游信息评价的个性化服务。

目录

### 8.1.3  商业计划书的分类①

1. 微型计划书

可以说，几乎每个商业理念都起始于某种微型计划。微型计划书篇幅不限，应当包括的关键内容有商业理念、需求、市场营销计划以及财务报表等，特别是现金流动、收入预测以及资产负债表。微型计划书是迅速检验商业理念或权衡潜在的合作伙伴价值的

---

① 百度百科．商业计划书［EB/OL］．https：//baike. baidu. com/item/%E5%95%86%E4%B8%9A%E8%AE%A1%E5%88%92%E4%B9%A6/791951？fr = aladdin.

最佳途径。它也可以为以后拟订长篇计划提供有价值的参考。微型计划书可以看作商业计划书的浓缩和提炼，对于吸引投资人眼球、提高融资效率有很大影响。

2. 工作计划书

工作计划书是运作企业的工具，将利用较长篇幅处理细节，叙述应简洁。作为给内部人员使用的指导性文件，工作计划书不必纠结于排版、装订等方面，但在事实和数据方面的内在统一对于工作计划书和其他外向计划书同样重要。

3. 提交计划书

尽管提交计划书与工作计划书有几乎相同的信息量，但在风格上有些不同，除用语要求有所不同之外，提交计划书还应包括一些投资人所需要的关于所有竞争压力与风险的附加内容。

4. 电子计划书

在计算机应用普及的今天，电子版商业计划书以其速度快、传送便捷、形式直观、成本低廉等优势得到了广泛应用。但电子计划书更易复制和传播，不利于有关信息的保密，因此不能完全替代纸质计划书。

## 8.2　商业计划书的构成要素

### 8.2.1　产品和服务的价值

对于投资人来说，当他评估一个投资项目时，最关心评估项目或产品能解决什么实际问题，即是否有实际需求，而不是人为创造需求，例如节约成本、提升工作效率、改善服务体验等。如果可以，就意味着产品或者服务有巨大的市场，风险投资能最大概率地收回。因此，针对投资人上述评估目的，BP 要简明扼要，重点突出地说明产品（或服务）的价值所在，旗帜鲜明地展示产品（或服务）的特征、实际功能、质量水平等多个维度的详细情况，要详细分析产品（或服务）所处的市场环境、行业环境及竞品情况，同时说明创业团队、产品（或服务）的竞争优势，特别是技术能力、管理能力、商业模式等，让投资人觉得投资这个项目非常值得，项目具有发展前景，不能错过投资发展的机会。

从本质上来说，投资人的最终目的是追求利润，投资人不可能了解所有投资项目的技术问题，但他们具有丰富的社会经验和投资经验，也希望投资对社会有真正价值的产品（或服务），对产品的盈利能力、目标市场、与同类产品比较等有更多的了解。因此，在 BP 中除了必要的关键技术因素外，还要阐述清楚产品（或服务）的价值，并对未来的发展有系统性的思考。

### 8.2.2　行业、市场与竞争分析

BP 应对如下这几个方面进行深入分析和理解。

### 1. 行业分析

首先，要分析产品（或服务）所处的行业环境，并进一步分析宏观环境，及该行业在宏观经济中所处的地位，例如，国家政策是否支持。其次，要在时间跨度上分析该行业所处的发展阶段：是刚刚兴起，或是已经步入成熟期，还是即将落幕。再次，具体分析产品（或服务）所处行业面临的风险，例如，经济周期风险、政策性风险、法律风险等。最后，应该对行业未来发展的趋势进行预测。

### 2. 市场分析

BP 中需要对产品（或服务）所处的市场进行深入的分析，包括市场容量、目标市场、消费者购买倾向、产品或服务的市场竞争力状况等，还要涉及经济、地理、职业及心理等因素对消费者选择本企业产品或服务的影响和作用。市场规模要有足够大的发展空间和盈利空间，并且要有良好的发展前景，才能真正吸引投资者。

为了对市场做出客观、准确的评价，创业团队应该从贸易协会、政府报告以及已发表的有关研究成果中收集信息。除此之外，在条件允许的情况下，可以设计并实施专门的市场调研。

### 3. 竞争分析

BP 中需要对产品（或服务）潜在的竞争对手进行分析。通常来说，大部分创业团队在创业初期热情高涨，初生牛犊不怕虎，常常高估优势，低估困难，低估竞争对手的数量和实力。为了避免这种情况的发生，要在 BP 中对竞争对手进行详细、深入和全面的分析。解答下列问题：竞争对手有谁？竞品运作模式是什么？竞品与自己的产品相比，有哪些异同点？竞争对手所采用的营销策略是什么？除此之外，还要多方了解、分析主要竞争对手所占的市场份额、年销售量和销售额、毛利润以及它们的财务实力。知己知彼，百战百胜。在分析竞争对手的基础上，也要对自身优势进行相对应的逐一分析。这些优势可能包括产品功能、性能的改善、提高、增加、完善，也可能是成本的降低等。上述这些分析应以客观、翔实的数据为支撑。

当然，对于个别新兴行业，可能的确没有（或者很少）竞争对手。针对这种情况，在 BP 中需要说明不存在竞争对手的原因（如由于拥有专利权），但需对将来市场上可能出现的竞争对手进行预测。

投资人还非常关心如何提高进入门槛，如何构建护城河。竞争对手的进入门槛越高，对产品越有利，对投资人也越有利。通常阻碍新竞争对手进入市场的主要因素有：

（1）专利保护。随着知识产权的保护力度越来越大，专利对新产品或技术具有重要意义，可以起到一定的保护作用。

（2）资金成本。高昂的资金门槛可以有效阻止小团队参与竞争。

（3）综合成本。大型、复杂项目对技术要求高、工艺复杂，竞争对手会望而却步。

（4）市场份额。创业团队要快速跑马圈地，使新的竞争对手很难再参与进来。

### 8.2.3　商业模式

1. 商业模式的定义

近些年，"商业模式"非常火爆，大部分创业公司都在大力宣扬自己的商业模式如何先进。其实商业模式是一个早在 20 世纪 50 年代就已存在的概念，只是近几年流行起来而已。商业模式是一种包含了一系列要素及其关系的概念性工具，用以阐明某个特定实体的商业逻辑。商业模式是企业为实现其战略目标而采取的能使自身不断增值或获利的经营方式，简单来说，就是企业的赚钱模式或赚钱路径是什么。商业模式还有一种定义，是指一个完整的产品、服务和信息流体系，包括每一个参与者和他们在其中起到的作用，以及每个参与者的潜在利益、相应的收益、来源和方式。商业模式在学术上的定义是："为实现客户价值最大化，把能使企业运行的内外各要素整合起来，形成一个完整的、高效率的、具有独特核心竞争力的运行系统，并通过最优实现形式满足客户需求、实现客户价值，同时使系统达成持续赢利目标的整体解决方案。"

从较高的层次来看，商业模式对任何企业、任何创业团队都具有深远的战略意义。只有明确了商业模式，才能保证企业的战略内容具有可操作性。和一般的战略需要确定目标不同，商业模式很少涉及具体目标，它更关注通过什么方式获取利润，即更关注盈利模式。

随着互联网技术的兴起，各种商业模式层出不穷，创业团队有更广阔的选择和发展空间。根据近些年的成功案例来看，要把技术和盈利区别开来，成功的商业模式不一定是技术上的创新。商业模式常常从小处着手，有可能是对企业经营某一环节的改造，或是对原有经营模式的重组、创新，甚至是对整个游戏规则的颠覆性创新。因此，商业模式的创新贯穿整个企业经营过程，包括资源开发、研发模式、制造方式、营销体系、流通体系等各个环节，每个环节的创新都有可能产生一种崭新的、成功的商业模式。

2. 商业模式的总体要求

从上述论述可以看出，商业模式是创业团队的生死大事，任何一个创业团队，首先需搞清楚自己的商业模式，做出切实可行的设计。一个商业模式设计的总体要求如下：

（1）要有清晰的盈利逻辑。任何好的商业模式都要以盈利为目标，可以通过实践不断地修正、完善。即使是一个已经完美、成熟的商业模式，也需要随着产业环境和竞争态势的变化而做出相应调整和新的设计，但始终要记住，目标实现必须考虑清楚如何盈利。

（2）盈利模式要具有可持续性。每个企业的盈利模式千差万别，但任何成功的企业都必须有可持续的盈利途径。

（3）要有鲜明特色。商业模式必须具有独特性，才能在市场竞争中脱颖而出，占领有利位置。但是要辩证地看这个问题，要不断适应商业语境的演变，持续地进行商业模式创新，才能使企业长期处于不败之地。

（4）避免简单粗暴模仿。很多创业团队看到一个成功的商业模式后，就以为可以照猫画虎，其实不然。任何企业的成功都由复杂的内因和外因决定，不能简单复制。即使是原始团队，换个时间节点，用同样的盈利模式也不一定成功。

### 8.2.4 核心的创业团队

创业核心团队的水平是决定创业是否成功重要因素之一。许多投资人最看重的是创业核心团队的水平，可以说在一定程度，投资者看重的是创业者以及核心团队的整体知识结构、能力和综合素质。与此相对应，BP要特色鲜明、充分地展示出创业核心团队的创业意志和决心，以表明创业团队的凝聚力和战斗力。

### 8.2.5 企业经营与财务状况

如果是初创企业，历史财务部分可以省略，但应写明财务预测。如果需要融资，还需要说明融资需求、资金的主要用途等。对于已经经营了一段时间的企业，就需要提供公司的历史财务状况和未来五年内的财务预测，还应该说明企业的经营与财务状况，证明企业有良好的经营历史和发展潜力，特别是企业的财务状况，其包括良好的业绩、企业合理估值、计划用多少股份交换多少资金、预期收益、日后融资中预计出现的股权稀释等情况，必须有清晰的业务思路、完整的财务预测。历史上的成功项目、业绩，或者和重量级公司的合作等都可以构成BP的亮点。

有经验的投资人，都会认真分析财务分析部分，通过这部分内容可以判断该企业的财务状况，进而判断自己的投资是否可以获得预期的回报，因此在编写BP中该部分要引起足够的重视。

### 8.2.6 融资需求

BP中的融资需求要实事求是，根据实际发展需要来提出融资需求。融资对互联网产品尤为重要，其各个发展阶段都需要大量的资金支持，寻求资金也是大部分BP的首要目标。因此，创业团队要对未来几年的成本、收入等资金情况进行合理、准确的预测。可以通过预测资产负债表、现金流量表、损益表，把资金需求以数字的形式明确下来。在此基础上，结合互联网产品的开发计划，明确各个时间阶段对资金的需求量。

### 8.2.7 风险控制

风险意味着不确定性。市场经济下，每一个投资者都关心其投资的风险与收益，收益总是与风险如影随形。创业过程充满不确定性和风险，但是通过科学的管理思想、方法和技术加以控制，可以在承担高投资风险的同时，获得高额的回报。因此，投资人对BP中风险分析部分十分重视。为了解答投资人的疑惑，BP应该详细说明创业企业可能面临的风险以及风险大小程度，针对这些风险将采取哪些措施。

创业风险分为系统风险与非系统风险。系统风险主要指创业环境中的风险（市场变化、竞争、融资、政策法规等风险）。非系统风险主要指创业者自身的风险（决策风险、创新风险、融资风险、管理风险、人的风险），这种风险可以运用风险管理技术加以规避或者部分消除。

1. 系统风险

系统风险又称市场风险，主要指市场主体从事经济活动所面临的赢利或亏损的可能性和不确定性。市场风险主要可以从以下三个方面来分析：

（1）市场需求量。市场需求量决定了产品的市场商业总价值。很多创业者容易犯的错误是过高估计市场的需求量，如果以此为根据，对新产品投入巨大，实际情况是市场需求量太小或者短期内不能被市场所接受，那么产品市场价值的实现将会大打折扣，投资无法按计划收回，严重的会造成创业夭折。

（2）市场接受时间。一个全新的产品，打开市场需要一定的过程与时间，若创业企业没有雄厚的财务去做广告与市场宣传，新产品被市场接受的过程就会比较长，从而导致产品销售量不高，造成产品积压，以及影响企业的资金周转。

（3）市场价格。高新科技产品的研发费用一般都不菲，如果想尽快收回成本，其产品定价不可避免地会比较高。但如果产品价格超出了市场的接受能力，销售将会受阻，从而使得技术产品向产业化转换困难，投资无法收回。

相应措施：①在加强产品销售的同时，建立一套完善的市场信息反馈体系，制定合理的产品销售价格，增加企业的盈利能力；②加快产品的开发速度，提高市场的应变能力，适时调整产品结构，增加畅销产品的产量；③实行创名牌战略，以优质的产品稳定客户、稳定价格，以消除市场波动对企业价格的影响；④进一步提高产品质量，降低产品成本，提高产品综合竞争能力，增加产品适应市场变化的能力；⑤进一步拓宽思路，紧跟市场发展方向。

2. 非系统风险

（1）技术风险。创业过程中的技术风险主要指是否能够制造出被市场接受的产品，并在后续过程中不断改进与完善。在创新产品从研发到实现产业化转化的过程中，任何一个环节的技术障碍，都有可能使产品开发前功尽弃。如果投入很大却依然没有制造出可以上市的产品，对投资者和创业者都是致命的打击。新产品、新服务大多是在实验室模拟场景下生产出来的，还没有经过市场的检验，因此注定是不完善的、粗糙的。而且高新技术产品的特点是更新换代快，很快就有模仿者，甚至超越者。如何在后续过程中认识到不足，改进性能，更新换代，是高新技术产品与服务能否在市场中生存下来的重要条件。

相应措施：①进一步加大科研投入，以保证技术和应用产品的先进性，持续保持技术的领先地位；②加快科技转化为产品的速度，迅速占领市场；③密切关注国内外最新科研动态，及时调整研发方向和战略。

（2）资金风险。资金风险是指因资金不能适时供应，或者资金大规模突然抽离而造成资金短缺，从而造成的创业失败。创新企业所需的资金量往往不小，而且融资渠道单一，除了靠创业者自己的资金外，主要靠风险投资，因此资金短缺是绝大部分创业者所面临的普遍问题。而且资金不到位，将导致高新技术无法向产业化转化，其技术价值随时间的流逝而贬值，并很快被同类技术超越，最终前功尽弃。

相应措施：①确定合理的融资结构，保证资金的流动性，结合资金需求制定合理的短期、中期、长期债务比例；②完善公司管理制度，尤其是资金使用制度，从流程上规范资金使用，保证资金使用效率。

（3）管理风险。管理风险主要包括管理者的素质、决策风险、组织风险等。如果管理者只是随大流、没有主见、不具备能力，则创业失败是在所难免的。创业者的决策必须建立在科学论证、大胆求证的基础上，决不能根据自己的喜好、他人的想法或是不依据实际而轻易做出。对于新企业，创业者要从一开始就注意组织结构的设计、调整，人力资源的甄选、考评，薪酬的设计及学习培训制度的制定。在企业文化的建设等方面，企业发展、扩张到一定程度时总是伴随相应的组织结构调整。

相应措施：①加强组织机构的建设，建立适应性强的组织机构和有效的激励制约机制；②减少企业对某个人的过分依赖；③加强对管理者的培训，培养其创新意识。

（4）行业风险。行业风险主要是由行业寿命周期、技术革新、政府的政策变化等因素引起的。行业寿命周期是由开创期、成长期、成熟期和衰退期构成的。处于开创期行业的企业，有获取高额利润的可能性，但风险比较大；处于成长期行业的企业，利润增长较快，风险也比较小；处于成熟期行业的企业，利润进一步大幅增长比较困难，但风险仍比较小；处于衰退期行业的企业，要维持相应的利润比较难，且行业风险在不断增大。技术革新对行业风险的影响主要表现在：技术革新的速率、广度和深度。当某行业的技术革新速率较快、广度较大、深度较深，该行业风险就会较大。行业风险还受到政府政策变动等因素的影响，尤其是受政府的产业政策、财税政策、关税政策等的影响。

相应措施：①互联网产品要尽可能选择处于开创期行业作为切入点；②保持在技术创新上的研发力度，保证技术的先进性；③时刻保持对国家政策的敏感度。

## 8.2.8　营销方案

这是 BP 的重要组成部分，创业者要在 BP 中较为详细地说明如何销售产品或服务，特别是采取怎样的营销策略，比如列出本企业打算开展广告、促销及公关活动的地区，明确每一项活动的预算和收益。创业者还应简述企业的销售战略：企业使用外面的销售代表还是使用内部职员？企业使用转卖商、分销商还是特许专营？企业将提供何种类型的销售培训？如果市场拓展方案不到位，不能详细地说明市场拓展的目标、方法、手段、措施等内容，那么即使产品或服务很有吸引力，也难以实现预期的销售目标。

## 8.2.9　企业成长预期

好的商业计划书可以展现企业未来成长预期，投资者不但关心现在企业状况，而且更看重企业的未来发展趋势，关注投资的盈利以及回收期。能否持续性投资取决于企业发展前景。因此，创业者应对企业的未来发展进行展望，给投资者以坚定的信心。但这个展望不是臆想出来的，而是进行了充分的调查研究论证，用数据分析说话，以客观事实作为依据来说明。

## 8.3 写作格式和内容及撰写原则

### 8.3.1 商业计划书的写作逻辑

商业计划书的本质是与合作伙伴沟通、向投资人展示产品的媒介。一份好的商业计划书，会非常清晰地表达团队的思想，并以充分的理由说服投资人，使其认同该项目的前景。因此，商业计划书的写作过程是团队思想的沉淀过程，而写作的终极手段则是"论证"：证明产品或服务的前景，证明团队的实力和匹配度，证明营销手段有效，证明市场空间巨大，证明有很大盈利机会……

总的来说，商业计划书的写作，在逻辑结构上应该是一环扣一环的论证关系。商业计划书的目的，是一步步地向投资人证明项目的可行性、赢利性。明白了这一点，商业计划书的基本结构和内容也就清楚了。

---

目标：
　　指明计划的投资价值所在。解释是什么（What），为什么（Why）和怎么样（How）。

内容：
- 产品（或服务）的独特性；
- 详尽的市场分析和竞争分析；
- 现实的财务预测；
- 明确的投资回收方式；
- 精干的管理队伍。

---

仔细研究上述内容，上述商业计划书结构就有典型的逻辑论证关系。首先介绍"我们要做一个什么样的产品（或服务）"。那么投资人会有疑问，为什么要这么做呢？因此则有了"市场分析和竞争分析"环节，其目的是论证第一个环节。若认同产品的市场潜力，接下来投资人的问题会是："我投入的资金如何获得回报呢？"，这是财务预测需要论证的，证明了整个市场潜力，也证明了产品是可盈利的。投资人将考虑另外一个问题："为什么让你做，而不是别人做？"，此问题对应团队建设环节，即"精干的管理队伍"。注意上述关键组成部分并非一成不变的顺序，但读者务必把握其逻辑关系。

### 8.3.2 撰写商业计划书的步骤

撰写商业计划书对于一个创新企业来说是一件非常重要的事情，为了保证其质量，建议组建一个包含各方面人才的写作团队。每个人擅长的领域是有限的，仅仅靠创业者个人的力量难以做到尽善尽美，因此寻求经验丰富的会计师、税务师、律师以及相关领域的技术人才是非常必要的。撰写商业计划书大体分为五个阶段：

（1）构想 BP，并初步提出写作框架。对自己将要进行的事业给予细致的思考，并制定细化的构思，确定明确的时间进度表和工作进程。

（2）外部环境的调查。这应该建立在客户调查和竞争者调查的基础之上。

（3）内部条件分析，即对团队的介绍。人们常说风险投资商其实并不是对某个创意或产品投资，而是对"人"投资。

（4）财务分析。一份对公司的完整财务分析（包括对公司的价值评估）必须把所有的可能性都考虑进去。财务分析要量化本公司的收入目标和公司战略，详细而精确地考虑公司运作所需的资金。

（5）商业计划书的撰写。

以下是一个典型的商业计划书结构：

1. 计划摘要

计划摘要一般要包括以下内容：

- 公司介绍；
- 主要产品和业务范围；
- 市场概貌；
- 营销策略；
- 销售计划；
- 生产管理计划；
- 管理者及其组织；
- 财务计划；
- 资金需求状况等。

计划摘要列在商业计划书的最前面，它浓缩了商业计划的精华。计划摘要涵盖了计划的要点，以求一目了然，以便读者在最短的时间内评审计划并做出判断。

在介绍企业时，首先，要说明创办新企业的思路、新思想的形成过程以及企业的目标和发展战略。其次，要交代企业现状、过去的背景和企业的经营范围。在这一部分中，要对企业以往的情况做客观的评述，不回避失误。中肯的分析往往更能赢得信任，从而使人容易认同企业的商业计划。最后，还要介绍一下企业家自己的背景、经历、经验和特长等。企业家的素质对企业的成绩往往起关键性的作用。在这里，企业家应尽量突出自己的优点并表示自己强烈的进取精神，从而给投资人留下一个好印象。

2. 产品或服务

通常，产品介绍应包括以下内容：

- 产品介绍；

- 产品的市场竞争力；
- 产品的研究和开发过程；
- 发展新产品的计划和成本分析；
- 产品的市场前景预测；
- 产品的品牌和专利。

在进行投资项目评估时，投资人最关心的问题之一就是企业的产品、技术或服务能否以及在多大程度上解决现实生活中的问题，或者企业的产品（服务）能否帮助顾客节约开支，增加收入。因此，产品（服务）介绍是商业计划书中必不可少的一项内容。在产品（服务）介绍部分，企业家要对产品（服务）作出详细的说明，说明要准确，也要通俗易懂，使不是专业人员的投资人也能明白。通常，产品介绍都要附上产品原型、照片或其他介绍。

3. 市场

市场部分的计划应包括以下内容：

- 市场状况、变化趋势及潜力；
- 竞争厂商概览；
- 本企业产品（服务）的市场地位；
- 市场细分和特征；
- 目标顾客和目标市场等。

当企业要开发一种新产品（服务）或向新的市场扩展时，就要进行市场预测。如果预测的结果并不乐观，或者预测的可信度让人怀疑，那么投资人就要承担更大的风险，这对多数风险投资人来说是不可接受的。

首先，市场预测要对需求进行预测：市场是否存在对这种产品的需求？需求程度是否可以给企业带来所期望的利益？新的市场规模有多大？需求发展的未来趋向及其状态如何？都有哪些因素影响需求？其次，市场预测还要对市场竞争的情况——企业所面对的竞争格局进行分析：市场中主要的竞争者有哪些？是否存在有利于本企业产品的市场空当？本企业预计的市场占有率是多少？本企业进入市场会引起竞争者怎样的反应？这些反应对企业会有什么影响？等等。

4. 竞争

竞争部分的内容有：

- 现有和潜在的竞争对手和替代产品分析；
- 找到合作伙伴；
- 扫清产品或服务进入市场的障碍；
- 划出竞争空间；
- 当前的角逐者或解决方案；
- 竞争优势和战胜竞争对手的方法。

在商业计划书中，企业家应细致分析竞争对手的情况：竞争对手都有谁？它们的产品是如何工作的？竞争对手的产品与本企业的产品相比，有哪些相同点和不同点？竞争对手所采用的营销策略是什么？要明确每个竞争对手的销售额、毛利润、收入以及市场份额，然后再讨论本企业相对于每个竞争对手所具有的竞争优势，向投资者展示顾客偏爱本企业的原因。商业计划书要使它的读者相信，本企业不仅是行业中的有力竞争者，而且将来还会是确定行业标准的领先者。在商业计划书中，企业家还应阐明竞争对手给本企业带来的风险以及本企业所采取的对策。

5. 营销

营销策略应包括以下内容：

- 市场机构和营销渠道的选择；
- 营销队伍和管理；
- 促销计划和广告策略；
- 价格决策。

营销是企业经营中最富挑战性的环节，影响营销策略的主要因素有：①消费者的特点；②产品的特性；③企业自身的状况；④市场环境方面的因素；⑤营销成本和营销效益因素。

对创业企业来说，由于产品和企业的知名度低，很难进入其他企业已经稳定的销售渠道中去。因此，企业不得不暂时采取高成本、低效益的营销战略，如上门推销、大打商品广告、向批发商和零售商让利，或交给任何愿意经销的企业销售。对发展企业来说，它一方面可以利用原来的销售渠道，另一方面也可以开发新的销售渠道，以适应企业的发展。

6. 运作

生产运作计划应包括以下内容：

- 产品制造和技术设备现状；
- 原材料、工艺、人力等安排；
- 新产品投产计划；
- 技术提升和设备更新的要求；
- 质量控制和质量改进计划。

在寻求资金的过程中，为了增大企业在投资前的评估价值，企业家应尽量使生产制造计划更加详细、可靠。一般地，生产制造计划应回答以下问题：企业生产制造所需的厂房、设备情况如何？怎样保证新产品在进入规模生产时的稳定性和可靠性？设备的引进和安装情况如何？谁是供应商？生产线的设计与产品组装是怎样的？供货者前置期资源的需求量有多少？生产周期标准的制定以及生产作业计划的编制是怎样的？物料需求计划及其保证措施是怎样的？质量控制的方法是怎样的？还有相关的其他问题。

7. 人员及组织结构

这部分计划应包括：

对主要管理人员加以阐明，介绍他们所具有的能力，他们在本企业中的职务和责任，他们过去的详细经历及背景。

应对公司结构作简要介绍，包括：公司的组织机构图；各部门的功能与责任；各部门的负责人及主要成员；公司的报酬体系；公司的股东名单，包括认股权、比例和特权；公司的董事会成员；各位董事的背景资料。

企业管理的好坏，直接决定了企业经营风险的大小。而高素质的管理人员和良好的组织结构则是管理好企业的重要保证。因此，风险投资家会特别注重对管理队伍的评估。

企业的管理人员应该是互补型的，要有团队精神。一个企业必须具备负责产品设计与开发、市场营销、生产作业管理、企业理财等方面的人才。

8. 财务预测

财务预测一般要包括以下内容：

- 经营计划的条件假设；
- 预计的资产负债表；
- 预计的损益表；
- 现金收支分析；
- 资金的来源和使用。

一份商业计划概括地提出了在筹资过程中企业家需要做的事情，而财务规划是对商业计划的支持和说明。因此，一份好的财务规划对评估企业所需的资金数量，提高企业取得资金的可能性是十分关键的。如果财务规划准备得不好，会给投资者留下企业管理人员缺乏经验的印象，降低企业的评估价值，同时也会增加企业的经营风险。那么如何制订好的财务规划呢？这取决于企业的远景规划——是为一个新市场创造一个新产品，还是进入一个财务信息较多的已有市场。

商业计划书应该是整个团队思想的提炼。值得注意的是，对于没有写作经验的团队来说，直接套用现成的商业计划书模板是一种比较快捷的方式。但是，通常这类商业计划书的结果都是有形式无实质，所有句子都是泛泛而谈。这往往反映了负责写作的队员对将要做的事情没有深刻的理解，而把它作为一般意义上的文字材料来写，或者说，为写作而写作。对于以商业计划书为主要事务的风险投资人来说，这类商业计划书一眼就可以看穿，实在激不起阅读的兴趣。那些既不能给投资人以充分的信息也不能使投资人激动起来的商业计划书，其最终结果只能是被扔进垃圾箱。

## 思考练习

1. 简述商业计划书的作用。
2. 简述商业计划书的分类。
3. 简述商业计划书的构成要素。
4. 尝试撰写一份共享单车 App 的商业计划书。

# 9　产品需求文档

## 【思维导图】

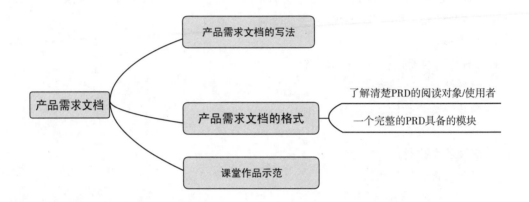

## 【学习要点】

1. 了解产品需求文档的作用。
2. 掌握产品需求文档的格式。
3. 能熟练编写产品需求文档。

产品需求文档（Product Requirement Document，PRD），顾名思义是阐述产品需求的一种文档，其核心是将需求描述清楚。PRD 是基于 BRD（商业需求文档）、MRD（市场需求分析文档）的延续文档，主要用于产品设计和开发使用，因此阅读这份文档的人绝大多数是设计与技术人员（PRD 的主要使用对象有：开发人员、测试人员、项目经理、交互设计师、运营人员及其他业务人员）。

PRD 是产品经理与研发团队沟通的工具，通过 PRD 可以看出一个产品经理在产品设计上的逻辑思维、在相关领域的认知、专业的深度以及对产品全局的认识。如何才能写出好的 PRD，让产品研发人员、开发人员、测试人员、运营人员了解产品需求，让其他人能从该文档中看到产品的价值和意义？

以下是一个产品需求文档的框架案例。

## 9.1 产品需求文档的写法①

产品需求文档的撰写主要分为五个阶段：

（1）写前准备（信息结构图）；

（2）梳理需求（产品结构图和用户流程图）；

（3）原型设计（手绘原型、灰模原型、交互原型）；

（4）撰写文档（PRD）；

（5）用例文档（UML用例图、数据流图、流程图）。

总的来说，产品需求文档有三个核心作用：

（1）传达产品开发需求；

（2）保证各部门沟通有理有据；

（3）使产品质量控制有具体标准。

产品经理的 PRD 就像建筑设计师的设计图纸，是整个设计和思考的结晶，同时也是思考过程的呈现。《用户体验要素》作者在书中有一句很经典的话："文档不能解决问题，但是定义可以。"这也是 PRD 的另一个重要的作用：定义产品需求，在团队内达成共识。②

## 9.2 产品需求文档的格式

PRD 最重要的还是对上节所述过程的思考和整理，当以上步骤梳理清楚后，文档只是水到渠成的产出。下面是腾讯公司一位员工整理的如何写好 PRD 的方法。③

### 9.2.1 了解清楚 PRD 的阅读对象/使用者

PRD 预期的读者包括：产品研发、开发、测试人员及相应的负责人和用户方代表。产品研发、开发、测试人员会从中了解本次需求的背景和详细要求，以及每个需求点未来的优化方向或对用户的价值。而用户方代表则可以通过该文档了解 PRD 中所描述内容是否是自己期望中的需求，是否符合以及是否都覆盖到了自己的预期。因此 PRD 也是产品经理同相关角色确认开发任务的重要依据。当所有角色认可了 PRD 中的内容后，这份 PRD 将作为后续开发、测试、需求验证的依据。

---

① PM 唐杰. 产品需求文档的写作 ［EB/OL］. https：//tangjie. me/？ s = % E4% BA% A7% E5% 93% 81% E9% 9C% 80% E6% B1% 82% E6% 96% 87% E6% A1% A3% E7% 9A% 84% E5% 86% 99% E4% BD% 9C；翠玲的菜园子. 产品需求文档有三个核心作用 ［EB/OL］. ［2021 − 05 − 07］. https：//blog. csdn. net/zcl050505/article/details/116486062.

② GARRETT J J. 用户体验的要素：以用户为中心的 Web 设计 ［M］. 北京：机械工业出版社，2008.

③ 无聊的坤. 如何写出好的 PRD ［EB/OL］. ［2014 − 01 − 08］. https：//blog. csdn. net/u013082522/article/details/17991579.

## 9.2.2　一个完整的 PRD 具备的模块

**1．文档的编号和命名**

文档的编号和命名很关键，每个产品都是经过若干个迭代才完成的，而每个迭代所完成的产品功能或者升级需求都可能是不一样的，因此需要定义清楚该文件属于产品的哪个迭代，修改了几个版本。文件命名的方法一般是通过版本号定义，比如简单的方法是，××产品 V1.0PRD_ V2，前面的 V1.0 是产品迭代的编号，后面的 PRD_ V2 是版本号。稍微详细点可以定义成，××产品××××需求 PRD_ V2，即对本次迭代的需求任务做命名，这样更便于阅读和记忆。

**2．文档的版本历史**

文档的版本历史包括编号、文档版本、章节、修改原因、日期、修改人。编号只是为了记录修改的顺序；文档版本显示当前修改的内容属于文档的第几个版本（或第几次修改，一次修改一般为一个版本）；章节是具体到修改内容属于的功能模块，以便阅读人及时找到修改后的内容；修改原因说明为什么要修改该需求，让阅读者直观地了解原因；日期是指需求文档修改的时间；修改人是指需求内容的修改者。

**3．目录**

目录是用来了解文档结构的。不需要自己新建，文档完成后直接更新模板中的目录即可。

**4．引言**

这部分的内容有：产品概述、产品 Roadmap、预期读者、成功的定义和判断标准、参考资料、名词说明。

（1）产品概述：解释说明该产品研发的背景以及核心功能。

（2）产品 Roadmap：为产品规划的蓝图，每个关键阶段完成的核心任务。产品研发是个不断迭代的过程，需要经过若干个版本的迭代，对一个功能点做了 N 个迭代后最终又回归到了第一个迭代是很常见的。产品经理需要做好心理准备。产品 Roadmap 并不需要全部规划好所有的阶段目标，是对产品未来发展趋势的一种预估，要达到目标，需要更多的更新和迭代。清晰地呈现产品的 Roadmap 可以帮助产品经理把握产品的全貌，从而更好地控制研发过程。

（3）预期读者：文档的使用对象。

（4）成功的定义和判断标准：旨在说明产品的目标。

（5）参考资料：PRD 的参考资料。

（6）名词说明：名称、说明。名称就是文档中会出现的比较新的名称，说明则是对这些名称进行解释。

**5．需求概述**

需求概述通常包括需求概览、用户类与特征、运行环境、设计和实现上的限制、项目计划、产品风险等。

（1）需求概览：一是业务流程图，对产品整个业务流程的发生过程做图形化的展示，是对产品整体功能流程的阐释。二是需求清单，对本次要开发的需求任务做分类，给出简明扼要的需求描述并标注优先级。

（2）用户类与特征：产品的最终用户，确定产品的最终使用者，并对使用者的角色和操作行为做出说明。

（3）运行环境：该产品上线后的使用环境，比如支持的浏览器及其版本，操作系统、数据库的要求等，测试人员在看到环境要求后会在测试时重点测试，而在最终上线产品时需要把最佳的运营环境告知用户。

（4）设计和实现上的限制：比如控件的开发环境、接口的调用方式等。

（5）项目计划：对于 PRD 中要开发的内容，给出关键里程碑，比如需要评审通过的时间、开发的完成时间、上线时间等。

（6）产品风险：描述产品可能存在的风险，比如性能瓶颈、没有解决的问题、用户不当使用的风险等。

6. 功能需求

功能需求一般由功能详情和主流程说明两大部分构成。功能详情是所有产品功能的描述和规划，具体包括以下内容：

（1）简要说明：介绍此功能的用途，包括其来源或背景、能够解决哪些问题。

（2）场景描述：产品在哪种情况下会被用户使用。这就是用户的场景模拟，也是产品经理讲"好"故事的必备条件。

（3）业务规则：每项产品在开发时都有相应的业务规则，将这些规则清晰地描述出来，让开发、测试人员能够直观地明白该规则，且没有产生歧义。业务规则必须是完整的、准确的、易懂的。业务规则在描述上如果涉及页面交互或者页面的修改，建议给出页面的草图或者页面截图并在图上说明要修改的内容。另外也建议对页面的输入框、下拉框的内容格式、长度、控件之间的关联性做出说明，对可见或不可见、灰掉或点亮的条件在文档中都给出说明，方便阅读者理解业务规则。

（4）页面原型：如前所述，涉及页面交互的部分，产品经理需要设计页面原型。原型设计通常需要产品经理和 UI 设计师一起完成。建议的做法是，产品经理可设计一个页面框架，将该页面要呈现的字段及其特征以及页面要使用的场景向交互设计师解释清楚。之后交互设计师和视觉设计师合作完成产品的原型设计。

（5）使用者说明：对产品使用者做出说明，可融入简要说明中。

（6）前置条件：该需求实现依赖的前提条件。比如，上传照片时，需要存有图像文件。

（7）后置条件：操作后引发的后续处理。

把主流程放在最后是有道理的，结合前文所述，做出主流程说明，对每个功能流程走向进行分点说明（这是非常重要的）。

PRD 一般要给出前提条件和后置条件。只对主流程做说明，而在描述主流程时没有描写主流程中每个功能流程的各种走向，只有一个主走向，会让人感觉 PRD 成了操作手册。对分支的介绍是非常重要的，开发和测试中出现的各类问题均与对分支的定义不明有关。一个合格的 PRD 不仅要描述主流程，还要对分支流程所出现的各类问题进行详细阐述并给出解决办法。PRD 的特征一定是明确的、全面的需求阐述及各类异常情况的处理，而不是等到开发和测试阶段发现问题后再给出答案（虽然 PRD 不可能百分之百覆盖所有的可能，但是最大化地思考所有的业务问题是编写 PRD 时必须遵守的原则）。另外，在描写功能需求时给出的办法中不能出现"可能""或者"等词，一定是明确的、唯一的描述。如果有别的方案，建议写入"可选方案"。在产品构建的早期，可选方案可以为功能实现提供更多的选择，当方案确定后，可在文档中注明本次使用了哪种方案。

在这里，前文介绍过的用例图又发挥了作用。用例是被阐述的内容，是对功能使用场景的解释。用例很有条理地介绍了每个功能的前置、后置条件、主流程说明，帮助开发、测试人员等角色快速地了解产品功能。

### 7. 可选方案

列出所有可以选择的达到该产品目标的方案要点（主要思路），给各方案适当的评价，并推荐最优方案（在功能需求中描述）。你在做这个产品规划时一定有很多备选方案，别放弃这些方案，永远没有过时的 idea，只有最适合时机的 idea。因此可以写出几个可选方案，或许其中一个会是你下期产品改版的一个方向。记住，多思考方案是永不为过的。

### 8. 效益成本分析

产品经理不仅要具备行业知识，还需要有财务知识。一个产品的成本衡量一般包括三个方面：效益预测、产品技术成本和其他成本支出。

效益预测是指所提供的功能在未来能产生的效益，可通过对比以往的产品或者竞争对手的产品来做预估。效益预测的指标有每个功能点的潜在用户数、使用频率、吸引到的新用户的特征及数量。产品技术成本是指研发设计以及上线后运营需要的资源需求，包括人力、软硬件（带宽、服务器、机房）支出。当有项目经理时，可以由项目经理来协调这部分需求；如果没有项目经理，产品经理得召集开发经理去找运维等部门落实此事。其他成本支出还包括支持成本，比如上线后的运营资源投入、市场推广投入以及客服服务投入等。

产品经理有必要具备一定的财务管理知识，体验财务的过程管理，如果能亲历沙盘训练，记录财务明细账目，核算资产负债、现金流量、利润率，则对成本和利益的核算非常有帮助，而且在财务上一丝不苟、精益求精也是每个产品经理需要长期坚持和遵守的。

### 9. 整合需求

产品整合能力是产品经理很重要的一种能力，业务合作通常是不可避免的，将隶属于两个不同来源的业务功能做整合也是常见需求，比如系统登录使用公司的域用户，或者付款使用财付通、支付宝，解决好整合需求也是产品经理核心竞争力的一大重要体现。

### 10. BETA 测试需求

很多产品在正式上线前都有 BETA 版本或者内测版本，或者叫灰度版本，其目的是测试产品的一些核心功能或者性能。这部分内容不是必需的，但如果需要，则要给出在此阶段要实现的目标或测试、衡量标准。

### 11. 非功能性需求

一般情况下，非功能性需求包括以下几个部分：产品营销需求、运营需求、财务需求、法务需求、使用帮助、问题反馈等。这些信息构成了产品上线的完整内容，也很好地体现了产品经理的综合素质。

### 12. 运营计划

运营计划包括产品上线后如何运营，目标受众是什么，建议的推广策略、问题反馈途径、风险监控、亮点宣传等，以及运营人员的协作方式。作为产品的设计人员不是开发完产品就能画句号的，让产品用起来、用得好，有口碑更为重要，因此非常建议运营计划的制订需有产品设计人员的参与。

### 13. 需求变更

需求不是一成不变的，在产品研发过程中，需求变更是正常的，产品团队成员需正确地看待需求变更，并要控制好变更。这里的建议是在做需求分析时，尽可能把每个问题都考虑透彻，提前做好需求变更的预估及应对方案，必要的情况下和团队成员提前沟通存在变更的内容。

在与团队沟通变更时，需要以一种开放的心态，从团队成员的角度、产品未来的发展趋势、市场格局的变化正确地提出变更需求，始终使产品方向与团队成员目标保持一致。

PRD 反映的是一个产品经理的能力，这种能力分基础和高级两类。毋庸置疑，PRD 应该是一种基础能力，是产品经理必备的一种技能。PRD 反映的就是产品经理对用户需求的理解能力，这种能力建立在对行业的专业知识（表现在对业务的理解力）基础上，再加之良好的沟通能力。一个优秀的产品经理写出的 PRD 必然是准确度高的，开发出来的产品必然是扩展性好的，同时受用户欢迎。因此产品经理在日常必须深入学习行业知识，了解用户的操作规则，多与用户沟通，多倾听问题，从而发现问题、解决问题。随着对行业和用户的理解及把控的逐步深入，PRD 阐述的内容将越来越全面，越来越有深度，PRD 将成为其他人的学习资料，会产生深远的影响。

## 9.3 课堂作品示范

下例是经过 8 学时训练的学生的作品：

### 1 概述

#### 1.1 产品概述

对用户而言：①展现自己。用户通过分享搭配，发表自己的搭配心得，展现自己的时尚意识，获取其他用户的关注，实现自我价值。同时，有机会被时尚杂志等发现，成为时尚顾问。②简洁方便、搜索成本低。通过手机 App，用户可以随时随地查看最新的潮流走向、服装搭配，告别厚重的纸质版杂志，节省每期购买的成本。此外，用户自己分享的搭配更贴近生活，适合日常生活穿着。

对商家而言：①节省成本，增加收入。目前手机的普及程度越来越高，人们越来越热衷在手机上进行阅读，通过杂志了解时尚的人越来越少，时尚杂志的收入越来越少。通过与本公司合作，时尚杂志公司可以增加收入，实现双赢。②扩大影响力。服装厂商通过在本产品平台上投放广告，可以增加自身品牌的影响力，与本产品服装搭配等业务合作，可以增加销量。③发现人才，储备人力资源。商家可以通过用户分享搭配和心得等发现人才，降低搜索成本。

更美好的前景：如果有更多的品牌加入我们，"男人装"就可以进一步扩展功能，实时发布更多的时尚前沿信息，更好地实现公司愿景。用户可以更加快捷、方便、一站式地实现搭配、购物等功能，同时，用户也能得到更好的保障，不用担心买到水货，实现公司、商家、用户之间的三方共赢。

## 1.2　产品风险

| 产品风险 | 风险级别 | 描述 | 改善策略 |
|---|---|---|---|
| 后来者模仿风险 | A | 新的 App 推出后，如果被发现有一定的商业价值，很快就会有人模仿且服装搭配类软件壁垒低 | 开始应该以最快的速度获取更多的关注，如果可能，尽快与主要的时尚杂志达成合作协议，聘请优秀的时尚顾问，形成自己的壁垒 |
| 初期资金筹集风险 | A | 初期公众平台的推广需要一定的资金，App 要规模化才能实现价值，而这两个过程可能暂时不会获得风投或厂商的资金支持 | 寻找更多技术人员加入团队，减少开发费用；寻找可以给予投资的校内合伙人；寻找学校的创业资金；不断完善商业计划书和产品设计，提升产品的价值 |
| 接受率低风险 | A | 由于现在男士的服装搭配并没有引起普通群众的重视，男性护肤类产品认可度也不高，用户对于这方面的需求不是十分强烈 | 推行有效的营销；争取时尚杂志、服装品牌、男性护肤品牌的支持，共同来推广这个平台 |
| 市场开拓风险 | B | 其他成熟的公司率先推出类似产品，并占据大量市场份额 | 加快软件开发和完善的步伐，争取尽快将产品推出市场 |

## 1.3　产品问题

我们的产品目前仍是雏形，产品的设计和功能结构方面仍有许多不完善的地方，后续的设计、开发有待进一步完善，有许多功能目前还未能兼顾，功能相对比较单一，有可能会因为某些功能的缺失而导致部分客户流失。同时，本产品的目标群体主要是有伴侣的女士和对自己的形象比较注重的男士，虽然看起来潜在用户群体很庞大，但是由于观念等因素，真正使用产品的人可能会很少。

### 1.4 使用者需求

我们产品的目标群体：有伴侣的女士以及关注时尚的男士，因此我们按照产品使用的人群进行分类，第一类为注重服装穿着及搭配的男士，第二类为有伴侣且愿意为伴侣挑选服装并进行搭配的女士，第三类为注重服装搭配的其他用户。

| 使用者类别 | 需求描述 |
| --- | --- |
| 注重服装穿着及搭配的男士 | 男人越来越关心穿着，不仅关注质量和品牌定位，还在意不同场合的风格和颜色搭配，他们更愿意在不同的场合穿不同的衣服，如何在工作场合穿得职业又不失个性、在聚会就餐等非正式场合中又该如何体现个人的穿衣特点，男士在购买服装、搭配服装、不同场合的着装、追求服装的个性化和时尚化等方面都有需求 |
| 有伴侣且愿意为伴侣挑选服装并进行搭配的女士 | 有些男士并不注重自己的服装搭配，而他们的伴侣则希望为自己的另一半挑选服装，精心为另一半搭配服装 |
| 注重服装搭配的其他用户 | 这类用户可能没有另一半，但是他们本身就比较注重自身服装穿着或在服装搭配方面有兴趣，希望了解更多有关服装搭配的技巧 |

## 2 功能需求

### 2.1 产品功能

| 一级菜单 | 二级菜单 | 描述 |
| --- | --- | --- |
| 首页<br>用户可以在此浏览广告，点击进入相应店铺；浏览系统推荐的最新搭配 | 搜索 | 用户可以通过搜索关键字、用户昵称找到自己感兴趣的搭配等信息 |
| | 搭配详情 | 用户可以通过点击推送的搭配查看它的详细信息，并且可以将该搭配添加到"收藏"，也可以将其分享到第三方软件或者对其点赞，同时也可以将该用户添加到"关注"，另外，也可以点击用户头像进入该用户主页 |
| 关注<br>用户可以在此浏览自己关注的用户最新推送的搭配 | 搭配详情 | 用户可以通过点击消息查看它的详细信息，并且可以将该搭配添加到"收藏"，也可以将其分享到第三方软件或者对其点赞，同时也可以将该用户添加到"关注"，另外，也可以点击用户头像进入该用户主页 |

（续上表）

| 一级菜单 | 二级菜单 | 描述 |
|---|---|---|
| 社区<br>　　用户可以在此发表自己的搭配心得，参加定期发起的话题讨论 | 写说说 | 用户可以通过该功能在社区发表自己的搭配心得 |
| | 查看详细 | 用户点击查看其他用户发表的搭配心得，同时也可以收藏、评论或者点赞该心得 |
| | 话题讨论 | 用户点击话题讨论参加活动或进行点赞、分享操作 |
| 个人中心 | 点击登录 | 未注册用户在此注册；已注册用户在此选择登录方式，登录应用 |
| | 关注 | 用户可以点击查看我关注了谁 |
| | 粉丝 | 用户可以点击查看谁关注了我 |
| | 收藏 | 用户可以点击查看收藏的服装搭配、搭配心得等 |
| | 设置 | 用户可以在这里设置应用中的图片显示质量、通知设置，也可以向软件商进行意见反馈，了解软件具体信息，还可以进行退出登录或清除缓存的操作 |
| | 我要上传 | 用户可以在此上传自己的搭配 |

产品功能结构图

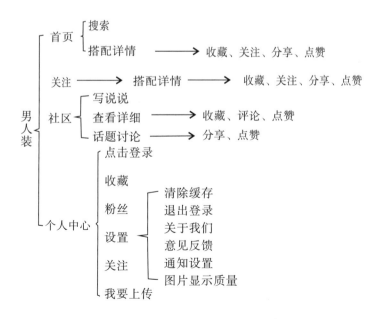

## 2.2 产品流程图 DFD

参考第 7 章数据流图的绘制。

## 2.3 界面与 DFD 的对接

| 原型图 | 序号 | 对应模块 | 参数及行为 |
|---|---|---|---|
| 主页面<br> | 1 | 1 | 行为：跳转至个人中心页面 |
| | 2 | 2.1 | 行为：跳转搭配详情页面或链接至其他商家 |
| | 3 | 3 | 行为：跳转至搜索页面 |
| | 4 | 5.4 | 行为：跳转至社区页面 |
| 个人中心<br> | 1 | 1.1 和 1.2 | 参数1：账号（手机号/用户名/邮箱）<br>参数2：密码<br>行为：跳转至登录/注册页面，显示参数1、参数2 |
| | 2 | 1.4 | 行为：跳转至谁关注了我的页面，显示我的粉丝 |
| | 3 | 1.4 | 行为：跳转至我关注了谁的页面，显示我关注的人 |
| | 4 | 2.4 | 行为：跳转至收藏页面 |
| | 5 | 1.5 | 行为：跳转至设置页面 |
| | 6 | 5.1 | 行为：跳转至我要上传页面 |

（续上表）

| 原型图 | 序号 | 对应模块 | 参数及行为 |
|---|---|---|---|
| | 1 | 1.1 | 参数1：账号（手机号/用户名/邮箱）<br>参数2：密码<br>行为：填写参数1、参数2，点击登录按钮，调取注册信息库数据以检测参数1、参数2是否正确，正确则跳转至个人中心页面，错误则为提示账号或密码错误 |
| | 2 | 1.2 | 参数1：用户名<br>参数2：密码<br>参数3：再次输入密码<br>参数4：邮箱<br>参数5：手机号<br>行为：点击新用户注册按钮，调取注册信息库数据，检测账号/邮箱/手机号是否存在，若存在则重新输入，不存在则保存账号信息至注册信息库 |
| | 3 | 1.1 | 行为：选择新浪微博/QQ/微信第三方软件登录，登录后跳转至个人中心页面 |
| | 1 | 1.5 | 行为：选择图片显示质量——智能模式（自动检测当前网络环境，选择相应画质）/高质量/普通，在首页、关注等页面的图片一律显示当前选择的画质 |
| | 2 | 1.5 | 行为：选择是否接收通知，若是，自动选择声音提醒，若不需要，声音提醒需手动关闭，后台将推送本应用最新消息；若否，后台不推送该应用最新消息 |
| | 3 | 1.5 | 行为：跳转至关于我们页面 |
| | 4 | 1.5 | 参数1：意见反馈（填写意见/建议）<br>行为：跳转至意见反馈页面 |
| | 5 | 1.1 和<br>1.5 | 行为：注销本次登录，跳转至登录/注册页面 |
| | 6 | 1.5 | 行为：清除缓存 |

（续上表）

| 原型图 | 序号 | 对应模块 | 参数及行为 |
|---|---|---|---|
| 搭配详情<br> | 1 | 1.4 | 行为：点击关注或取消关注，在关注信息库增加或删除该博主的信息 |
| | 2 | 5.4 | 行为：跳转至该博主主页面，调取服装搭配信息库数据，显示其上传的所有搭配 |
| | 3 | 5.1 | 行为：选择相应方式（新浪微博/朋友圈/QQ空间）将该搭配详情分享至第三方平台 |
| | 4 | 5.2 | 行为：在点赞信息库增加或删除该点赞信息 |
| | 5 | 2.4 | 行为：在收藏信息库增加或删除该搭配详情 |
| 社区<br> | 1 | 5.1 | 行为：跳转至写说说页面 |
| | 2 | 5.4 | 行为：点击该条信息，调取社区信息库数据，跳转页面，显示该条信息的完整信息 |
| | 3 | 5.5 | 行为：点击参与话题讨论 |

（续上表）

| 原型图 | 序号 | 对应模块 | 参数及行为 |
|---|---|---|---|
| 关注 | 1 | 5.4 | 行为：跳转至该博主主页面，调取服装搭配信息库数据，显示该博主上传的所有搭配 |

## 3　非功能需求

### 3.1　产品营销需求

"男人装"选择的营销策略有多种，重点放在网络营销，包括利用网络广告、网页发布信息，利用论坛、微信、QQ 等宣传，并提供便捷的二维码扫码免费下载，其中的重点为论坛、微信、QQ 宣传。

### 3.2　规则变更需求

随着社会的发展，用户的需求也会发生改变，因此我们会不断改进这款产品，在原有功能的基础上改进以及增加新的功能，用户可以根据需求选择是否需要升级。

### 3.3　产品服务需求

这款产品上线后，我们继续优化产品的操作、界面、功能的部分，尽量让用户看到不断优化升级的产品，我们会及时拓展新功能，让用户可以享受到更加全面、优质的服务。根据顾客的反馈，我们还会不断筛选信用度高的合作商家，排除一些信誉度低、无法保证提供高质量商品和服务的合作商家，为用户提供更加有保障的服务。

### 3.4　法务需求

这款产品所处领域的法律并不十分健全，但是为了让用户安心使用这款产品，我们会提高技术，尽心保护用户的隐私，维护用户的隐私权。并且我们会对选择合作的商家进行严格把关，加强用户反馈机制，确保对客户反馈的问题进行及时处理，保证用户的利益不受损害。

## 思考练习

1. 简述产品需求文档在软件产品开发过程中的重要作用。
2. 简述产品需求文档的主要内容。
3. 以微信的"朋友圈"功能为例，撰写一份产品需求文档。

# 10 原型设计实用工具

## 【思维导图】

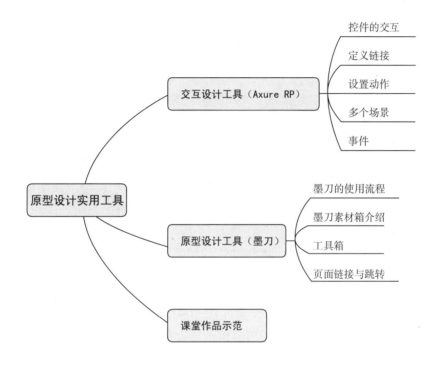

## 【学习要点】

1. 熟悉交互设计需要的工具。
2. 熟悉原型设计需要的工具。
3. 熟悉网站/小程序设计需要的工具。

## 10.1　交互设计工具（Axure RP）

Axure RP 是一个专业的快速原型设计工具（见图 10 – 1）。Axure（发音：Ack-sure）代表美国 Axure 公司；RP 则是 Rapid Prototyping（快速原型）的缩写。

图 10 – 1　Axure RP 界面

Axure RP 是美国 Axure Software Solution 公司旗舰产品，是一个专业的快速原型设计工具，让负责定义需求和规格、设计功能和界面的专家能够快速创建应用软件或 Web 网站的线框图、流程图、原型和规格说明文档。作为专业的原型设计工具，它能快速、高效地创建原型，同时支持多人协作设计和版本控制管理。

Axure 的可视化工作环境可以让你轻松快捷地以鼠标的方式创建带有注释的线框图，不用进行编程就可以在线框图上定义简单连接和高级交互。在线框图的基础上，可以自动生成 HTML（标准通用标记语言下的一个应用）原型和 Word 格式的规格。

Axure RP 已被许多大公司采用。Axure RP 的使用者主要包括商业分析师、可用性专家、产品经理、IT 咨询师、用户体验设计师、交互设计师、界面设计师等，另外，架构师、程序开发工程师也在使用 Axure RP。

针对交互设计，Axure RP 提供了如下功能：

### 10.1.1　控件的交互

控件交互面板用于定义线框图中控件的行为，包含定义简单的链接和复杂的 RIA（Rich Internet Applications）行为，所定义的交互都可以在将来生成的原型中进行操作执行。

控件交互面板可以定义控件的交互，由交互事件（events）、场景（cases）和动作（actions）组成：

（1）用户操作界面时就会触发事件，如鼠标的 OnClick、OnMouseEnter 和 OnMouse-Out；

（2）每个事件可以包含多个场景，场景也就是事件触发后要满足的条件；

（3）每个场景可以执行多个动作，例如：打开链接、显示面板、隐藏面板、移动面板。

### 10.1.2　定义链接

下列步骤说明如何在按钮控件上定义一个链接：

（1）拖拉一个按钮控件到线框图中，并选择这个按钮；

（2）控件交互面板中用鼠标双击"OnClick"这个事件，这时会出现"Interaction Case Properties"对话框，在这个对话框中可以选择要执行的动作；

（3）在 Step 2 中，勾选"Open Link in Current Window"动作；

（4）在 Step 3 中，点击"Link"，在弹出的 Link Properties 对话框中可以选择要链接的页面或其他网页地址。

除了上面的步骤外，加入一个链接最快的方法是单击控件交互面板顶部的"Quick-Link"，在弹出的 Link Properties 对话框中选择要链接的页面。

### 10.1.3　设置动作

除了简单的链接之外，Axure RP 还提供了许多丰富的动作，这些动作可以在任何触发事件的场景中执行。以下是 Axure RP 所支持的动作：

（1）Open Link in Current Window：在当前窗口打开一个页面；

（2）Open Link in Popup Window：在弹出的窗口中打开一个页面；

（3）Open Link in Parent Window：在原窗口中打开一个页面；

（4）Close Current Window：关闭当前窗口；

（5）Open Link in Frame：在框架中打开一个页面；

（6）Set Panel State（s）to State（s）：为动态面板设定要显示的状态；

（7）Show Panel（s）：显示动态面板；

（8）Hide Panel（s）：隐藏动态面板；

（9）Toggle Visibility for Panel（s）：切换动态面板的显示状态（显示/隐藏）；

（10）Move Panel（s）：根据绝对坐标或相对坐标来移动动态面板；

（11）Set Variable and Widget Value（s）Equal to Value（s）：设定变量值或控件值；

（12）Open Link in Parent Frame：在父框架中打开链接；

（13）Scroll to Image Map Region：滚动页面到图像地图区域；

（14）Image Map：图像所在位置；

（15）Enable Widget（s）：把对象状态变成可用状态；

（16）Disable Widget（s）：把对象状态变成不可用状态；

（17）Wait Time（s）：等待多少毫秒（ms）后再进行这个动作；

（18）Other：显示动作的文字说明。

### 10.1.4　多个场景

一个触发事件可以包含多个场景，根据条件执行流程或互动。

### 10.1.5　事件

Axure RP 支持一个页面层级的触发事件：OnPageLoad，这个事件在原型载入页面时触发。

OnPageLoad 事件在页面备注面板中的 Interactions 子面板中定义为事件添加场景的方式与控件事件相同。

## 10.2　原型设计工具（墨刀）

墨刀（MockingBot）是北京磨刀刻石科技有限公司旗下的一款在线原型设计与协同工具，先在美国上线，后迅速在中国市场爆发增长。

墨刀致力于简化产品制作和设计流程，采用简便的拖拽连线操作，让用户仅需十分钟设计一个 App。同时，作为一款在线原型设计软件，墨刀支持云端保存，实时预览，一键分享及多人协作功能，让产品团队快速高效地完成产品原型和交互设计。

使用墨刀，用户可以快速制作出可直接在手机运行的接近真实 App 交互的高保真原型，使创意得到更直观的呈现。不管是向客户收集产品反馈，还是向投资人进行 demo 展示，或是在团队内部协作沟通、管理文件，墨刀都可以大幅提升工作效率，打破沟通壁垒，降低项目风险。

目前，墨刀在全球 155 个国家拥有超过 60 万用户，成为最受欢迎的中国原型设计工具，并多次受到知乎、爱范儿、PMCAFF 等专业论坛的推荐，是广大产品经理和设计师的不二之选。

目前，墨刀有桌面客户端（见图 10 - 2）和网页端两个版本。

**图 10 - 2　墨刀桌面客户端**

墨刀拥有很多实用模板，如果有一个模板是你需要的，那么你就免去了大量的设计工作。如果你说你"乐在设计"，那么墨刀也不会让你失望。墨刀拥有比较全的素材箱：文字输入、星标、搜索框、下拉框、首字母检索等。①

## 10.2.1　墨刀的使用流程

（1）注册一个"墨刀"账户。点击官网主页右上方的"免费注册"后，按流程一步一步操作即可注册成功。

（2）登录"墨刀 MockingBot"。

（3）阅读官方给出的使用教程和常见问题解答。

（4）选择套用适合的模板。

## 10.2.2　墨刀素材箱介绍

图 10 - 3 是组件库，包括常用、表单、导航、图表、多媒体等丰富的组件，有助于提高开发效率。

---

① https：//www.jianshu.com/p/363ff003bf53.

**图 10 - 3　墨刀素材箱、模板和组合**

### 10.2.3　工具箱

图 10 - 4 是墨刀的工具箱。

**图 10 - 4　墨刀的工具箱**

### 10.2.4　页面链接与跳转

如图 10 - 5 所示，每拖入一个素材，其右边就会出现链接的图样。

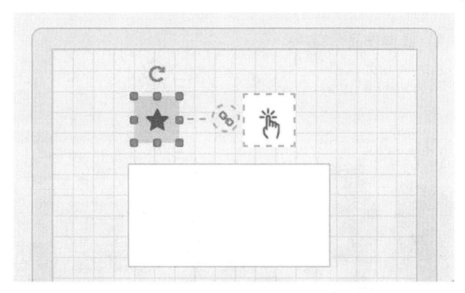

图 10 - 5　页面链接

　　只要将链接图标拖到右边栏的页面上就可以创建一个新的链接（见图 10 - 6），这样点击这个素材就能打开新页面了。

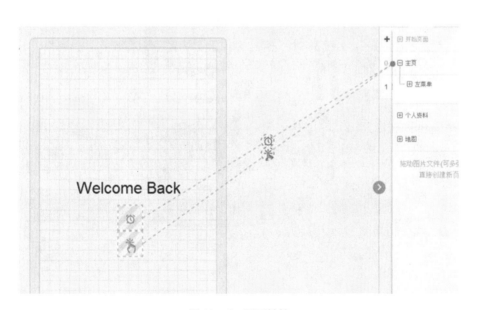

图 10 - 6　页面链接

## 10.3 课堂作品示范

下例是 8 课时培训后的学生团队的作品：

## 思考练习

1. 用 Axure RP 设计一个原型产品。

2. 用墨刀设计一个原型产品。

3. 用 CoolSite360 设计一个小程序。

# 参考文献

[1] 郭占元. 创业基础 理论应用与实训实练 [M]. 北京：北京大学出版社，2014.

[2] 亨特. 互联网产品设计 [M]. 宁成功，黄雪珂，杨林，等译. 北京：人民邮电出版社，2014.

[3] 国家科技风险开发事业中心. 商业计划书编写指南 [M].2 版. 北京：电子工业出版社，2012.

[4] 王爻. 别说你懂商业计划书 [M]. 北京：机械工业出版社，2011.

[5] 弗雷德里克·布鲁克斯. 人月神话 [M]. 汪颖，译. 北京：清华大学出版社，2007.

[6] JONES C. Applied software measurement：assuring productivity and quality [M]. New York：McGraw – Hill，1991.

[7] 张小龙，陈妍，张军. 微信背后的产品观 [M]. 北京：电子工业出版社，2021.

[8] 唐杰. 杰出产品经理 [M]. 北京：机械工业出版社，2016.

[9] 伊恩·萨默维尔. 软件工程 [M]. 北京：机械工业出版社，2018.

[10] 弗利特. 软件工程：原理与实践 [M].3 版. 北京：电子工业出版社，2011.

[11] 王柳人. 软件工程与项目实战 [M]. 北京：清华大学出版社，2017.

[12] WIEGERS K，BEATTY J. 软件需求 [M]. 李忠利，李淳，霍金健，等译. 北京：清华大学出版社，2016.

[13] 徐建极. 产品经理的 20 堂必修课 [M]. 北京：人民邮电出版社，2013.

[14] 张海藩. 软件工程导论 [M].5 版. 北京：清华大学出版社，2008.

[15] WIEGERS K E. 软件需求 [M]. 刘伟琴，刘洪涛，译.2 版. 北京：清华大学出版社，2004.

[16] COOPER A. 交互设计之路 [M]. Chris Ding，译. 北京：电子工业出版社，2016.

[17] GARRETT J J. 用户体验的要素：以用户为中心的 Web 设计 [M]. 北京：机械工业出版社，2008.

[18] 四四四毛. 交互设计分享 [EB/OL]. [2015 – 06 – 02]. https：//www. jian-shu. com/p/41064feda123.

[19] 老曹. 臭鱼：页面表达原则 [EB/OL]. [2012 – 05 – 17]. https：//www. wo-shipm. com/pd/318. html.

[20] Zhuo43. 够专业！一个完整的交互设计流程是怎样的？[EB/OL]. [2015 – 07 – 24]. http：//uisdc. com/complete – interactive – design – workflow.

［21］粽小喵．原型设计是什么，该怎么使用它？［EB/OL］．［2016 – 01 – 06］．https：//www. woshipm. com/pd/261788. html.

［22］韩凯迪．移动互联网产品原型设计原则探析［J］.科技风，2017（5）：53.

［23］ZAMBONINI D. A practical guide to web app success［M］. Five Simple Steps，2011.

［24］项目管理协会．项目管理知识体系指南（PMBOK 指南）［M］. Pennsylvania：Project Management Institute，2017.

［25］于庆东，吕建中．项目范围管理的精益原则［J］.企业经济，2005（1）：21 – 22.

［26］中国新闻网．浅析计算机信息系统集成项目中三方面的管理［EB/OL］.［2011 – 02 – 16］. https：//business. sohu. com/20110216/n279375375. shtml.

［27］柳纯录．信息系统项目管理师教程［M］.2 版．北京：清华大学出版社，2010.

［28］哈罗德·科兹纳．项目管理：计划、进度和控制的系统方法［M］.杨爱华，等译．北京：电子工业出版社，2002.

［29］张文霖，刘夏璐，狄松．谁说菜鸟不会数据分析［M］.北京：电子工业出版社，2019.

［30］骆斌，丁二玉．需求工程：软件建模与分析［M］.北京：高等教育出版社，2009.

［31］天明宝.《需求分析》阅读笔记之数据流图［EB/OL］.［2018 – 03 – 28］.https：//www. cnblogs. com/watm/p/8672222. html.

［32］淋哥．数据流图（DFD）画法要求［EB/OL］.［2016 – 12 – 19］. https：//www. cnblogs. com/xuchunlin/p/6197415. html.

［33］蛤蟆．逻辑模型的工具——数据流图 DFD［EB/OL］.［2010 – 01 – 22］.https：//www. cnblogs. com/netflu/archive/2010/01/22/1654005. html.

［34］认识 软件设计师下午试题［EB/OL］. https：//wenku. baidu. com/view/c2960304677d27284b73f242336c1eb91a373318. html.

［35］数据流图（DFD）画法要求［EB/OL］. https：//wenku. baidu. com/view/423d0ced6294dd88d0d26bf1. html.

［36］思创策划咨询．深圳商业计划书基础篇——商业计划书对创业融资的重要性［EB/OL］.［2021 – 12 – 15］. http：//news. sohu. com/a/508360191_ 100279801.

［37］百度百科．商业计划书［EB/OL］. https：//baike. baidu. com/item/% E5% 95％86％ E4% B8％9A％ E8% AE％A1％ E5% 88％92％ E4% B9％ A6/791951？fr = aladdin.

［38］PM 唐杰．产品需求文档的写作［EB/OL］. https：//tangjie. me/？s = % E4% BA％ A7％ E5％93％81％ E9％9C％80％ E6％ B1％82％ E6％ 96％87％ E6％ A1％ A3％ E7％9A％84％ E5％86％99％ E4％ BD％9C.

[39] 翠玲的菜园子. 产品需求文档有三个核心作用 [EB/OL]. [2021 – 05 – 07]. https：//blog. csdn. net/zcl050505/article/details/116486062.

[40] 无聊的坤. 如何写出好的 PRD [EB/OL]. [2014 – 01 – 08]. https：//blog. csdn. net/u013082522/article/details/17991579.